理解
·
现实
·
困惑

轻度
PSYCHOLOGY

心理经纬度·学术丛书

本书为国家社会科学基金"十三五"规划2019年度教育学（全国教育科学规划）一般课题"感知—运动空间训练对儿童数学认知能力提升的实验研究（项目批准号为：BBA190026）"的研究成果。

感知—运动空间训练对儿童数学认知能力提升的实验研究

李梦霞 著

中国纺织出版社有限公司

内 容 提 要

本书聚焦于具身认知理论与教育神经科学的前沿研究，系统探讨了感知—运动空间训练对儿童数学认知能力的提升作用。全书从数学认知的历史与理论基础出发，深入分析了具身数学认知的经验基础与研究进展，并在此基础上设计了系统的感知—运动空间训练方案。本书通过实验研究，验证了该训练方案对普通儿童及数学学习困难儿童数学能力的显著提升效果。书中结合丰富的实证数据，提出了科学的教学建议，旨在为教育实践提供创新思路，帮助儿童更好地发展数学认知能力，尤其为数学学习困难儿童提供了有效的干预策略。

图书在版编目（CIP）数据

感知—运动空间训练对儿童数学认知能力提升的实验研究 / 李梦霞著 . -- 北京：中国纺织出版社有限公司，2025. 5. --（心理经纬度 · 学术丛书）. -- ISBN 978-7-5229-2627-8

Ⅰ. 01-4

中国国家版本馆CIP数据核字第2025VF2960号

责任编辑：朱安润　　责任校对：王花妮　　责任印制：王艳丽

中国纺织出版社有限公司出版发行
地址：北京市朝阳区百子湾东里 A407 号楼　邮政编码：100124
销售电话：010—67004422　传真：010—87155801
http://www.c-textilep.com
中国纺织出版社天猫旗舰店
官方微博 http://weibo.com/2119887771
北京虎彩文化传播有限公司印刷　各地新华书店经销
2025 年 5 月第 1 版第 1 次印刷
开本：710×1000　1/16　印张：12.75
字数：153 千字　定价：78.00 元

凡购本书，如有缺页、倒页、脱页，由本社图书营销中心调换

目 录

第一章　数学认知概述

第一节　传统心理学中的数学认知观 / 2
第二节　第一代认知科学中的数学认知观 / 12
第三节　第二代认知科学中的数学认知观 / 22

第二章　具身数学认知研究及发展

第一节　数学认知的具身经验 / 40
第二节　具身数学认知研究的发展 / 44

第三章　具身数学认知与感知—运动空间训练

第一节　儿童数学认知能力及其促进方式 / 54
第二节　感知—运动空间训练的可能性前提：数字的空间表征机制 / 57
第三节　感知—运动空间训练的基础：具身认知和具身数量表征 / 60
第四节　感知—运动空间训练提高儿童数学认知能力的有效性 / 64
第五节　小结与研究问题的提出 / 69

第四章　数字认知的感知—运动空间观

第一节　感知—运动视角下的数字信息 / 83

第二节　数字的感知—运动表征与训练 / 91

　　第三节　数字认知感知—运动视角的教育启示 / 100

第五章　感知—运动空间训练方案设计

　　第一节　数字的感知—运动基础与儿童的数学认知能力 / 115

　　第二节　感知—运动空间训练系列方案 / 117

第六章　感知—运动空间训练对儿童数学认知能力提升的实验研究

　　第一节　实验对象 / 126

　　第二节　研究工具与训练方法 / 127

　　第三节　研究结果 / 137

　　第四节　分析与讨论 / 150

　　第五节　结论与教育建议 / 159

第七章　感知—运动空间训练对数学学习困难儿童数学认知能力提升的实验研究

　　第一节　学习困难与数学学习困难 / 166

　　第二节　数学学习困难的鉴别 / 168

　　第三节　数学学习困难儿童筛选的流程与方法 / 170

　　第四节　数学学习困难儿童筛选的结果与训练方法 / 172

　　第五节　研究结果 / 173

　　第六节　分析与讨论 / 186

　　第七节　教育启示 / 192

Chapter 1
第一章

数学认知概述

认知科学研究的基本假设是，心理结构和认知过程极其丰富和复杂，但这些结构和过程是可以被研究的，研究心理结构和认知过程将为思维和学习提供帮助。迄今为止，认知科学经历了从传统心理学中的认知研究，到第一代认知科学，再到第二代认知科学的发展。第一代认知科学兴起于20世纪50年代中期，20世纪70年代逐步成为西方心理学的主流。第一代认知科学遵循人脑的计算机隐喻，将人脑比拟为计算机，把人的心理结构和认知过程相应地比拟为计算机的硬件和程序。第一代认知科学忽略了人的身体和所处的环境在认知中的重要作用，被称为"离身心智"。当前，具身认知（Embodied Cognition）作为认知科学研究的新思潮，引起了研究者们的广泛重视。具身认知，因为完全不同于计算机隐喻的第一代认知科学，故而被称为第二代认知科学。具身认知反对"离身心智"，反对身心割裂的二元论思想，否认人脑等同于计算机。具身认知强调身体及身体与环境的交互在人类认知中的重要作用，认为应该通过将"心智放入大脑中，大脑放入身体中，身体放入环境中"来分析和研究人类的认知活动。

跟随人类认知科学研究的脚步，本章将对传统心理学中的认知研究、第一代认知科学，以及第二代认知科学中的数学认知理念进行梳理，以更为全面地了解数学认知研究的发展。

第一节 传统心理学中的数学认知观

一、联结主义的数学认知观

（一）联结主义的基本理念

桑代克（E. L. Thorndike）于1922年出版了他的开创性著作《算术心理学》（桑代克，1922）。在《算术心理学》一书中，桑代克提出的学习理论是基于心理"联结"，或刺激和反应之间的联结（例如，"2+2"作为刺激，"4"作为反应）。根据该理论，联结由于强化或频繁使用而变得更强，由于惩罚或不频繁使用而变得更弱。联结主义者提出了一些一般性的教学组织原则，例如，应将"相互关联"的联结翻译成教学术语，以便于一起讲授。联结主义的理论方法产生了"练习和重复"的教学模式，这种教学模式对数学的教学产生了重要影响。自桑代克的《算术心理学》出版以来，练习和重复作为一种主要的教学方法到今天一直存在。除此之外，它也对许多当代的计算机辅助教学（Computer Aided Instruction，CAI）程序的设计产生强烈影响。联结主义者更多关注的是知识组织，即关于"一个人的大脑中有什么信息"

以及他们是如何组织的假设，并提出相应的简单学习理论。他们的论著中鲜有对认知结构的详细探索。

（二）联结主义的学习理论

对于学习的本质，"联结主义"理论强调学习就是刺激与反应之间的联结。例如，在学习乘法表时，学生通过不断练习"6×7=42"，形成了"6×7"与"42"之间的联结。通过不断练习巩固这一联结，学生能够迅速回忆出正确答案，这就意味着实现了对"6×7"这道算式的学习。小学生在数学学习过程中背诵"九九乘法表"，运用的就是联结主义的原理。

桑代克通过"效果律"强调正反馈在学习中的重要性。例如，学生在数学测验中正确解答了一道题目时，教师给予表扬和鼓励，这种积极的反馈会增强学生对正确解题方法的记忆和使用动机。相反，如果解题错误，教师温和地指出错误并指导改正，也能防止学生形成错误联结。

桑代克通过"练习律"强调重复练习的作用。例如，在学习解方程时，学生通过大量练习不断巩固解题步骤和方法。通过反复练习，学生能够更加熟练地解决不同形式的方程，逐渐将解方程内化为自身的技能。

（三）学习的迁移和应用

桑代克认为学习的迁移是学习的重要组成部分，但他并不认为学会迁移就等同于完全掌握了知识。他更倾向于认为迁移是学习的一种表现形式，但并不是学习的唯一指标。学习的迁移需要特定条件和相似性来实现。

桑代克认为学习的迁移效果取决于新、旧任务之间的相似性。只有当两个任务在结构上或内容上有相似之处时，学习的迁移才会发生。例如，学会加法可以让学生更容易理解乘法，因为乘法可以看作多次加法的重复。

桑代克强调具体的联结，即通过练习形成的具体联结可以迁移到相似的情境中。学生在学习过程中获得的具体技能和知识在相似的情境中更容易被应用。因此，桑代克强调通过具体的、实际的练习，以帮助学生理解抽象的数学概念。例如，教师可以使用具体物品（如水果或积木）来教授学生基本的加减法。通过操作具体物品，学生能够更直观地理解抽象的算术概念。

同时，桑代克也认识到学习的迁移是有限的，不是所有的学习都可以自由迁移到新的情境中。只有在明确的相似性或联结存在时，迁移才会有效。如果学生学的是完全不相关的技能，如学习英语知识，则很难将这部分知识直接迁移到数学学习中。

（四）测量和评价

桑代克强调测量和评价的重要性，他提出应该通过科学的测量方法了解学生的学习状况，调整教学策略，确保教学效果。例如，教师可以通过定期的小测验和作业检查学生的学习进度和掌握情况。通过这些评价，教师可以及时发现学生的薄弱环节，并进行针对性的辅导。

（五）动机与认知

桑代克指出，学生的兴趣和动机对其学习效果有重要影响，教师应注重激发学生的学习兴趣。例如，教师可以通过设计有趣的数学游戏或问题情境，激发学生的学习兴趣，利用数学谜题或数学竞赛来提升学生的参与度，调动积极性。

桑代克的理论强调通过多样化的教学策略增强教学效果，这在教育实践中有广泛应用。例如，在现代数学教学中，教师常常使用多种教学方法（如合作式学习、探究式学习）来促进学生的理解和应用。通过多样化的教学策略，教师能够更好地满足不同学生的学习需求，增强整体教学效果。

二、格式塔主义的数学认知观

（一）格式塔主义的基本观点

格式塔主义者站在与联结主义者不同的立场，他们认为心理结构比联结主义者认为的要复杂得多，并且在教学和学习中需要考虑这种结构的复杂性。格式塔主义者的经典作品是马克斯·韦特海默（Max Wertheimers）的《创造性思维》。在该著作中，韦特海默指出了联结主义倡导的练习和重复的方法的局限性。他承认这种教学确实能使学生"掌握"某些知识，但他认为以死记硬背方式获得的知识往往是浅表的，不太可能在不同情况下被灵活使用或应用。

（二）心理结构的复杂性

格式塔主义者认为学习不仅仅是简单的刺激—反应联结，而是一个整体的、复杂的过程。在数学学习中，理解几何图形的性质和关系需要整体视角，而不仅仅是记住各个定理。例如，学生在学习三角形的内角和为180°时，不只是记住这个定理，而是通过对不同类型的三角形的观察和归纳，形成对这一概念的整体理解。这种整体的理解有助于学生在解决复杂问题时更灵活地应用这些知识。

韦特海默研究的最著名的实验项目当属"平行四边形问题"，即求给定平行四边形的面积，其底边为 b，高为 h［图 1-1（a）］。韦特海默以一个班级为研究对象，并对其进行观察，该班级已经学过求面积的标准运算，即将三角形从平行四边形的一部分移动到另一部分，形成一个方便计算面积的矩形［图 1-1（b）］，学生们对这类问题掌握得很好。但是，当韦特海默要求学生们求"非标准位置"平行四边形［图 1-1（c）］或适用相同原理的新图形［图 1-1（d）］的面积时，学生们就束手无策了。他们向老师抱怨韦特海默的问题不公平，因为班级没有学习过那些类型的知识。

（a）
$A=?$

（b）
将三角形从平行四边形的一部分移动到另一部分，形成一个方便计算面积的矩形，所以 $A=b \times h$

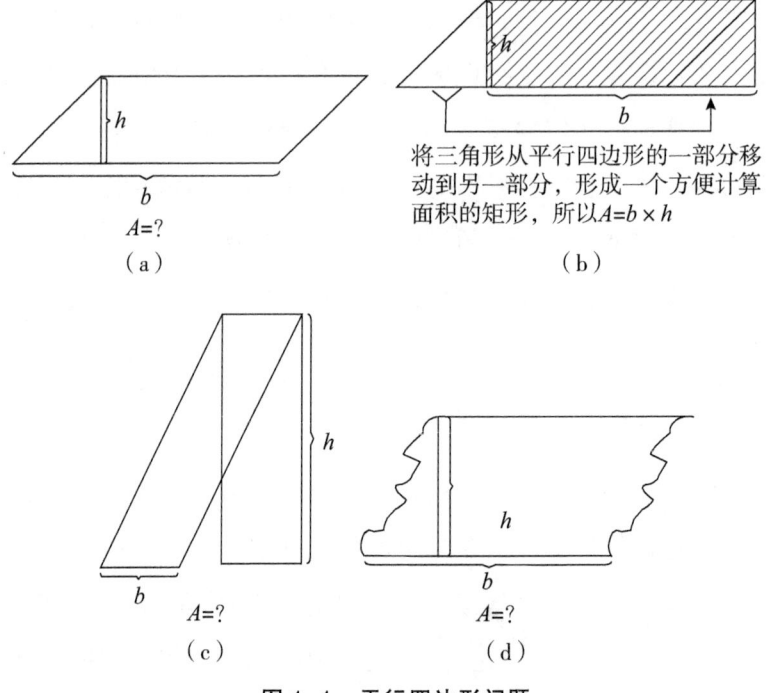

（c）
$A=?$

（d）
$A=?$

图 1-1　平行四边形问题

从格式塔主义者的观点来看，这些问题是公平的。如果理解了求平行四边形面积的基本原理和结构，后面两个问题的答案应该是显而易见的。因此，格式塔主义者相信学生拥有非常丰富的心理结构，并认为教学的目标应该是帮助学生发展这些结构。

（三）死记硬背的局限性

韦特海默谴责死记硬背的学习方式，认为这种方式获得的知识往往是浅表的，学生难以在不同情况灵活应用这些知识。在教授乘法表时，如果只是机械地背诵，学生可以通过死记硬背记住乘法表，但在面对一个新的乘法问题（如 13×17）时，他们可能无法灵活应用记住的乘法表解决问题。相反，通过理解乘法的原理，学生可以学会分解问题，如 13×17 可以分解为 $(10+3) \times 17$，并应用一定的知识进行计算。因此，教学应注重理解乘法的原理和规律，让学生通过实际操作和解决问题的方式，在不同情境中应用乘法知识。

（四）强调理解

韦特海默认为学习应注重理解，而不仅仅是机械地记忆。他主张通过理解事物之间的关系和整体结构来促进深度学习。在学习方程解法时，教师可以通过解释每一步操作的意义帮助学生理解解方程的过程，而不仅仅是让学生记住解题步骤。例如，教师解释为什么要将方程两边同时加减某一项时，应使学生理解平衡的概念和方程的本质，而不仅仅是机械地进行运算操作。

（五）创造性思维

韦特海默在《创造性思维》中提倡通过发现问题和解决问题的方式进行学习，培养学生的创造性和批判性思维。在数学教学中，教师可以设计开放性问题，让学生自己发现和解决问题。例如，在学习概率时，教师可以设计一个实际问题（如掷硬币的概率实验），让学生通过实验、数据收集和分析，自己归纳出概率的概念和计算方法。这种方式不仅培养了学生的探究能力，还增强了他们对知识的理解和应用能力，培养了他们解决问题的能力。

（六）促进整体理解

韦特海默强调整体理解的重要性，认为学习应该关注知识的整体结构和各部分之间的关系。相应地，他主张教学也应注重知识的整体结构和各部分之间的关系。在讲授函数时，教师不仅要教会学生如何画函数图像，还要帮助学生理解函数的定义域、值域、单调性、极值等整体特性。通过分析不同函数的图像和性质，学生能够更好地理解函数的整体结构，从而在解决相关问题时更加灵活和自信。

（七）解决问题的策略

韦特海默强调在教学中应用解决问题的策略，帮助学生形成系统的思维方式和解决问题的能力。在学习应用题时，教师可以引导学生使用问题解决策略，其步骤包括理解问题、制订计划、执行计划和检查结果。例如，在解决一道涉及多个步骤的应用题时，教师可以指导学生先理解题意，然后分步骤解决，最后检查答案的合理性。

（八）具体案例分析

韦特海默在书中通过具体案例分析，展示了如何通过富有成效的思维解决实际问题。教师可以通过具体的案例，如解一道复杂的代数问题，向学生展示如何运用理解和整体思维来解决问题。例如，分析一道包含多个变量和方程的题目，可以通过逐步分解并理解各部分之间的关系，最终找到解题方法。

格式塔主义者对于数学认知研究的局限主要在于，他们几乎没有教学理论。尽管格式塔主义者明确反对联结主义"练习和重复"的方法，提出要帮助学生发展心理结构，但他们的理论并未提出可用于实现这一目标的具体教学方法。

三、行为主义的数学认知观

（一）行为主义的基本观点

关于如何对待学习的问题，诸如伯尔赫斯·弗雷德里克·斯金纳（Burrhus Frederic Skinner）等行为主义者持有的是与联结主义者相似但更为极端的观点（Skinner，1958）。斯金纳与格式塔主义者的观点直接对立，他认为任何对"心智主义"或"心理结构"的关注都是不当的。他认为学习表现可以完全通过可观察的行为（"行为目标"）来定义，并且学习最好被视为个体与环境互动的结果。因此，行为主义学习理论专注于利用环境以进行最佳互动。

斯金纳和他的同事们展示了通过逐步推进的行为塑造，使"无错误学习"变得可能。这种"无错误学习"的结果，自然导致了他们对教学技术的兴趣，即通过精心安排的练习步骤，个体逐渐获得完成新的、复杂的任务所需的各个元素，而不会在过程中做出错误反应。这种方法被转化为学校情境中经常使用的"程序化教学"，即以一种小步骤任务、大量的提示和精心的排序为特征的教学形式，使孩子们能够逐步达到指定的行为目标的能力（Resnick，1983）。无论是在程序化教学中还是在其他应用中，对小步骤和精心排序的强调是行为主义教学方法的核心。

（二）刺激—反应机制

行为主义认为学习是通过刺激和反应之间的联结来实现的。数学学习被视为对特定数学刺激（如问题或任务）做出正确反应（如解答或形成步骤）的过程。在讲授加减法时，教师可以通过反复练习和测验，让学生对特定的算术问题做出正确的反应。例如，老师提出问题"5 + 3 = ？"，学生通过不断练习，逐渐学会迅速反应，得出正确答案"8"。

（三）正强化和负强化

行为主义强调通过正强化（Positive Reinforcement）（奖励）和负强化（Negative Reinforcement）（移除不愉快的刺激）来加强学生对正确行为的反应。在数学学习中应用强化的方式，可以鼓励学生养成良好的学习习惯和正确解题的行为。当学生正确解答一道复杂的方程式时，教师给予口头表扬或小奖励（如贴纸或积分），这种正强化可以激励学生继续努力学习。同样，当按时完成作业后，教师可以免除额外的练习题，这样的负强化可以增加学生按时完成作业的行为。

（四）逐步塑造

逐步塑造（Shaping）是一种通过逐步强化接近目标行为的每一步，

最终理解复杂行为的方法。在数学教学中，逐步塑造可以帮助学生逐渐掌握复杂的数学概念和技能。在讲授除法时，教师可以先教学生简单的除法概念，然后逐步引导学生掌握更复杂的步骤，如讲授多位数的除法时，逐步引入新的步骤并给予相应的正强化，学生最终能够掌握多位数除法的整个过程。

（五）程序化教学

程序化教学（Programmed Instruction）是由罗伯特·米尔斯·加涅（Robert Mills Gagnè）开创的，它通过使用分步骤、结构化的教学材料，使学生可以逐步掌握知识。程序化教学强调每一步骤都经过精心设计，以确保学生在学习过程中不断获得正强化。该方法基于这样的假设：正确的经验序列，经过足够频率的重复，应当产生正确的学习。因此，程序化教学尤其关注对学科内容的分析。加涅专注于构建精心的任务分析，即将要学习的材料分解为小的构建部分，使学生在掌握好一个小的构建部分后，再组合成更大的能力单元（Gagnè & Briggs，1979）。程序化教学理论的一部分包括对正确答案的"正强化"。例如，斯金纳实验室中的老鼠和鸽子在表现良好时会得到少量食物奖励。相应地，在人类学习的应用中，老师会在学生们表现良好时奖励小红花、大拇指卡等代币制的奖励品，作为对行为的赞许。在实际教学应用中，教师可以使用程序化的教材或在线学习平台，将数学概念分成小的单元，每个单元都有具体的练习和反馈。例如，在学习几何图形的性质时，学生可以通过一系列逐步复杂的练习题来掌握每种图形的特性，并在每一步都得到及时的反馈和强化。

（六）模仿和示范

行为主义认为模仿（Modeling）和示范（Demonstration）是学习的重要方式之一，学生通过观察和模仿教师或优秀学生的行为来学习新技能和知识。教师在课堂上演示如何解一道复杂的数学题，例如多步骤的代数方程，学生通过观察教师的解题过程和步骤，学会如何解决类似的问题。通过多次观察和模仿，学生逐渐掌握解题的技能和策略。

（七）即时反馈

行为主义强调即时反馈的重要性，认为立即反馈可以有效强化正确行为，纠正错误行为。在数学练习中，教师可以使用即时反馈的方式，例如在课堂上使用互动答题系统，让学生在回答问题后立即知道答案是否正确。这种即时反馈帮助学生迅速了解自己的学习情况，并及时调整学习策略。

第二节　第一代认知科学中的数学认知观

一、第一代认知科学的基本观点

第一代认知科学兴起于20世纪50年代至70年代，主要受计算机科学和信息处理模型的影响。它对理解人类思维和学习过程提出了许多基本观点和假设。第一代认知科学将人类思维过程比作计算机的信息处理过程，认为大脑像计算机一样处理信息。它将认知过程视为信息处理过程，包括感知输入（Input）、信息编码（Encoding）、存储（Storage）、检索（Retrieval）和输出（Output）。这一模型借鉴了计算机处理信息的方式。第一代认知科学认为认知活动涉及符号的操作和操纵，这些符号代表外界世界的各类信息，人类大脑通过操作这些符号来进行思考和决策。

第一代认知科学认为大脑的不同区域和功能是模块化的，每个模块专门负责特定类型的信息处理任务。也就是说，大脑中存在多个专门处理不同任务的模块或子系统。例如，视觉处理模块专门负责视觉信息的处理，语言处理模块负责语言的理解和生成。各个模块在功能上是相对独立的，它们可以同时处理不同类型的信息，但相互之间有一定的协调性。

第一代认知科学强调心理表征和计算过程，认为认知过程涉及对外界信息的内部表征，并通过对这些表征的操作来实现思维和决策。外界信息在大脑中被加工为内在的符号或表征形式，这些表征可以是语言、图像、概念等。认知活动通过对这些表征进行计算和操作来实现。例如，解数学题可以视为对数字和运算规则的表征进行逻辑操作。决策则通过对不同选项的权衡和比较来完成。

第一代认知科学主张学习是知识和技能的获取过程，通过对信息进行编码、存储和检索来实现。通过重复练习和应用，信息在长时记忆中得到巩固，从而使知识和技能得到强化。第一代认知科学认为学习过程是阶段性的，涉及从感知输入到长时记忆存储的多个阶段。其主张记忆系统是多层次的，包括感觉记忆（Sensory Memory）、短时记忆（Short-Term Memory）和长时记忆（Long-Term Memory），各层次的记忆具有不同的容量和保持时间。信息通过编码进入短时记忆，经过复习和练习进入长时记忆，检索过程则从长时记忆中提取信息用于当前任务。其还主张知识是层次化和结构化的，较高层次的知识通过整合和组织低层次的信息形成。知识在大脑中以概念网络的形式存储，各概念之间通过联结构成一个结构化的网络。知识通过分类和范畴化进行组织，不同类别的知识在记忆和检索过程中具有不同的特性。

第一代认知科学强调人类在面对问题时，通过逻辑推理和策略性思维解决问题。问题解决过程中，人们使用启发式方法（Heuristics），即通过经验和直觉快速找到解决方案，而非系统地尝试所有可能性。同样，问题解决也可以通过应用明确的算法和规则来实现，特别是在数学和逻辑推理任务中。

二、第一代认知科学的数学认知观

第一代认知科学遵循人脑的计算机隐喻，将人脑比拟为计算机，把人的心理结构和认知过程相应地比拟为计算机的硬件和程序。第一代认知科学秉承离身认知理论，离身认知理论认为数字作为一种抽象符号，是感觉系统将感知经验等转换成不携带知觉起源信息状态的符号（叶浩生，2010）。数学符号可以与其他信息联系产生意义。离身认知理论将人类大脑处理数学信息的机制类比于计算机的中央处理器的工作。对数的认知和反应就是大脑对输入的抽象数字符号进行操作，并最终以符号的形式储存在大脑中形成记忆的过程。尽管离身认知理论承认主体的感知运动经验会影响概念的通达，但感知运动经验并不是概念表征的必要条件（Dove, 2009；Parisi, 2011）。第一代认知科学对数学认知的理论主要建立在信息加工模型的基础之上，强调认知过程的步骤、策略和表征方式，主要包括信息加工、表征和模式识别理论及问题解决理论等。这些理论为数学学习和教学提供了重要的见解和指导。

（一）信息加工模型

信息加工理论认为数学认知过程类似于计算机处理信息的过程，包括感知输入、信息编码、存储、检索和输出这些步骤。这个模型强调学生在数学学习中的认知负荷管理和信息加工能力。在讲授数学解题技巧时，教师可以将复杂问题分解为一系列子步骤，引导学生逐步解决。例如，在解一元二次方程时，可以先将方程化成标准形式，再进行因式分解或使用求根公式，最后验证答案。信息加工理论倡导在数学教学中运用计算机辅助教学，利用计算机模拟和教学软件，帮助学生通过交互式练习理解和掌握数学概念，如使用动态几何软件来探索几何图形的性质。

（二）模块化思维

模块化思维（Modularity of Mind）假设数学认知涉及多个相对独立的模块，每个模块专门处理特定类型的信息，如代数、几何和统计。各模块独立运行，但在复杂任务中相互协作。第一代认知科学提倡专题教学，认为数学课程应按照不同的认知模块进行设计，如数学课程分为代数、几何、概率统计等模块，每个模块专注于特定类型的数学思维和技能。在解决综合性数学问题时，学生需要整合多个模块的知识，跨模块应用知识解决具体问题，例如在应用题中结合代数和几何知识来解决实际问题。

（三）表征和操作

第一代认知科学认为，数学认知过程涉及对数学信息的内部表征（如符号、图表、语言）和对这些表征的操作。学生通过操作这些表征来理解和解决数学问题。知识的表征具有层次性，数学知识是层次化和结构化的，高层次的数学知识通过组织和整合低层次的信息形成。第一代认知科学主张在实际学习过程中，通过使用多种表征形式来讲授数学概念，如用图形表示函数、用代数表达式表示方程、用语言描述数学问题，这些方式有助于学生从不同角度理解数学概念。相应地，它也主张通过实际操作符号和图形来学习数学概念，例如通过绘制函数图像来理解函数的变化趋势等。

（四）知识和技能的获取

第一代认知科学将学习视为知识和技能的获取过程，这一过程通过信息的编码、存储和检索来实现。在学习中，通过反复练习基础数学技能，如乘法表、基本公式和解题步骤，学生可以更牢固地掌握这些知识和技能。此外，第一代认知科学也强调数学的阶段性学习，倡导将复杂的数学概念分解为更小的知识单元，逐步讲授。

（五）记忆系统

数学学习涉及感觉记忆、短时记忆和长时记忆的不同层次。短时记忆用于处理当前任务，而长时记忆存储数学公式、概念和解题方法。在课堂上，学生需要利用短时记忆快速解决问题，如在数学测验中快速回忆和应用刚学到的公式。通过反复练习和复习，将重要的数学概念和公式存储在长时记忆中。例如，在期末复习中系统整理所学知识，进行复习。

（六）问题解决和推理

数学问题解决涉及逻辑推理和策略性思维，通过使用启发式方法和算法来解决问题。老师应教授学生使用启发式方法解决数学问题，如分解复杂问题、从已知条件推导出未知条件。乔治·波利亚（George Pólya）的"四步解题法"正是根据第一代认知科学的理念——理解问题、制订计划、执行计划和回顾——在数学教育中被广泛应用（Pólya，1981）。

（七）系统化策略

讲授明确的解题算法和步骤，如使用标准化解方程的步骤来确保每次解题的一致性和正确性。

三、第一代认知科学的数学认知观评价

（一）第一代认知科学视角下问题解决模式的局限性

第一代认知科学的兴起，推动了数学课程的变革，使"问题解决"成为20世纪80年代学校数学的主题。实际上，问题解决运动的根源、理由和方法在20世纪40年代就已经确立。确切地说，最早是波利亚在1945年出版的《如何解题》一书中展示了20世纪最杰出的数学家之一的解题反思。就像笛卡尔（Descartes）三百年前采用的方法一样，波利亚通过自我反思的模式探寻问题解题行为的有效模式。他提出了一个关于解决问题过程的通用模型——四阶段解决问题模型，涵盖理解问题、制订计划、执行计划和回顾四个阶段（Pólya，1981）。这个问题解决模型的细节包括了一系列解决棘手问题的启发式规则或经验法则。数学家们普遍认为波利亚对解决问题模式的描述是准确的，数学教育界采纳了波利亚的模型作为解决问题的方法。时至今日，所有关于数学问题解决的研究几乎都基于波利亚的四阶段解决问题模型。

尽管波利亚的发现是开创性的，但他建议的方法并未在教学过程中取得很好的效果。教师尝试使用类似波利亚的方法进行解题教学，效果并不理想。虽然相关的数学教育文献中的研究表明，教师和学生都对教学感到满意，但几乎没有证据表明学生的问题解决能力有所提高（Alan，1987）。原因如下：波利亚对解题策略的描述本质上是准确的总结性描述。那些已经知道这些策略的人（如阅读过他的书的数学家）能够在波利亚的描述中认出这些策略，但描述与讲授、掌握及运用之间有着极大的差别，描述与讲授只是以足够的细节介绍一个程序以便识别它，而掌握以及运用更多受制于学生已有的知识经验和水平。

（二）建构主义视角下的第一代认知科学的局限性

建构主义本身不是第一代认知科学的一部分，而是一种在认知研究中日益发挥作用的理论，它有助于厘清我们对学习和教学的许多看法。在研究学习理论的诸多学者中，皮亚杰被认为是最著名的建构主义者。第一个例子是，皮亚杰针对他对一个9个月大的婴儿杰奎琳（Jacqueline）的观察进行报告（Piaget，1954）：

"杰奎琳坐着，我把一个橡皮擦放在她的膝盖上，她刚刚握在手里又放下。就在她准备再次抓住它时，我把手放在她的眼睛和橡皮擦之间，以遮挡她的视线；她立即不再抓橡皮擦了，好像橡皮擦不再存在了。这个实验重复了十次。每次在杰奎琳用手指触摸物体的那一刻，我遮住她的眼睛，她继续寻找，直到成功抓住。然而，如果孩子在看不见橡皮擦之前没有触摸到它，杰奎琳就会把手缩回去。"

皮亚杰强调，孩子的遗忘不是由兴趣转移（即关注他的手而不是橡皮擦）引起的。相反，"这只是因为我的手的形象消除了物体在它下面的形象，除非……她的手指已经触摸过物体，或者也许她的手已经在我的手下准备抓住这个物体"。这个例子说明，儿童还不像成年人那样理解客体永久性，这一概念是指对象离开我们的视野后会继续存在。皮亚杰的研究表明，对于非常年幼的孩子来说，"视而不见，心而不见"确实可能是认知现实的准确描述；婴儿大约需要 18 个月才能发展出与成年人相似的客体永久性的概念。

第二个例子是更著名的"体积守恒"实验。成年人都知道，当液体从一个容器倒入另一个容器时，其体积保持不变：一罐 500 毫升的苏打水无论倒入高而细的杯子还是矮而宽的杯子，都会是 500 毫升的苏打水。我们知道这个现象，但幼儿并不知道。当相同量的苏打水从相同的杯子倒入不同形状的杯子中，孩子会说液位较高的杯子里有更多的苏打水；如果让他们选择喝哪一个，他们始终会选择那个液位较高的杯子（Ginsburg & Opper, 1969），见图 1-2。

倒入不同形状的杯子

孩子会说液位较高的杯子里有更多的苏打水

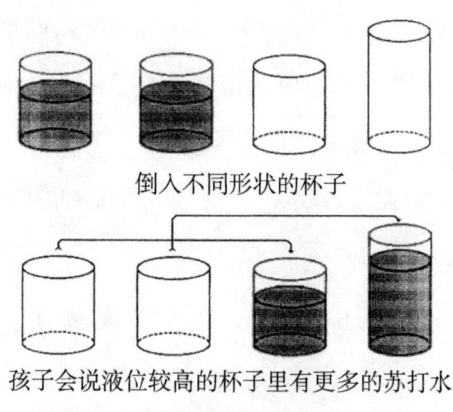

图 1-2　皮亚杰"体积守恒"实验

皮亚杰例子的意义在于它们强调了两种不同现实版本之间的冲突。一方面，是成人对"现实世界"现象的感知。我们认为物体的永恒性是理所当然的：当一个球滚到沙发下时，我们期望在那里找到它，除非它从另一侧滚了出来。我们也认为体积守恒是显而易见的自然事实。简而言之，客体永久性和体积守恒是从成人的角度看待的客观事实；它们描述了"实事求是"的世界。另一方面，是孩子们对"现实世界"现象的感知。非常小的婴孩生活在一个某些物体存在然后消失的世界中；被毯子覆盖的玩偶只是消失了，它的消失不是一个奇怪的现象。稍大一些的孩子生活在一个体积不守恒的世界中；像倾倒液体这样的转换不仅改变了液体的形状，还改变了其体积。孩子们不像我们那样看待世界。尽管他们可能观察到与我们相同的现象，但他们对这些现象的解释不同。孩子们的解释框架是，他们自己构建现实，他们决定自己看到的是什么。

很显然，在某些情境下成年人也是如此。根据建构主义视角，我们每个人都建立了自己的解释框架或认知结构来理解世界，然后根据这些框架看待世界。我们看到的东西可能与"客观"现实一致，也可能不一致。例如，麦克洛斯基研究了图 1-3（a）所示的情况（McCloskey，1983）。图 1-3（a）展示了一根薄薄的弯曲金属管。假设，你正从上方看着平放在桌子上的这根弯曲的金属管。一个金属球从箭头所示的一端被掷入，并以高速从另一端射出。若忽略空气阻力和旋转，请你画出金属球从管子出来后的路径。

正确答案如图 1-3（b）所示。这个答案来自牛顿第一定律，该定律指出在没有外力的情况下，运动中的物体将沿直线运动。典型的错误答案如图 1-3（c）所示。一系列研究结果发现，一半没有在高中学习过物理的大学生给出了典型的错误答案，大约三分之一曾在高中学习过物理的大学生给出了典型的错误答案，大约七分之一在大学学习过物理的大学生给出了典型的错误答案（Caramazza et al., 1981; McCloskey, 1983; McCloskey et al., 1980）。通过这些文献，我们发现错误答案是非常常见且非常顽固的。错误答案是被试对主观的但不正确的经验的概括。因为上述研究者还发现，许多学生学习物理课程时对现象的看法与他们将要学习的物理原理相悖，大多数人在课程结束后依然保留这些误解。

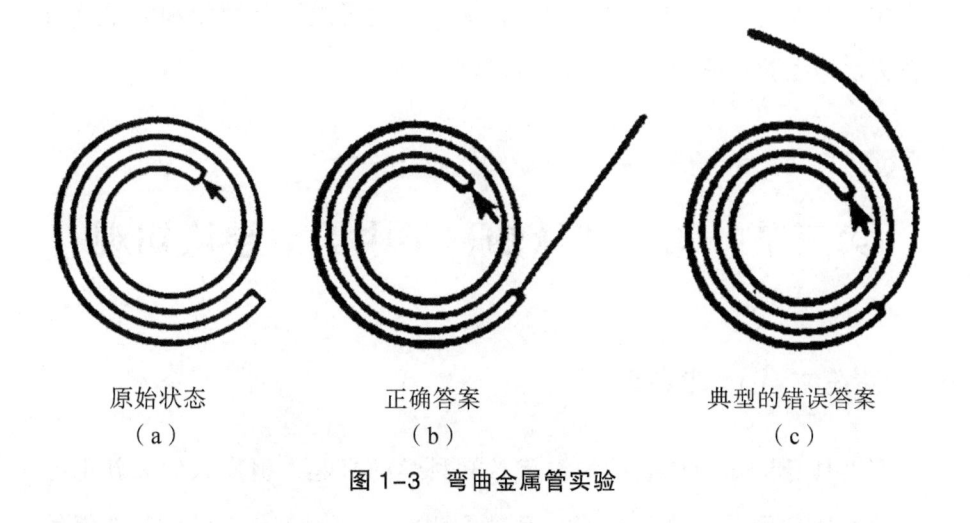

原始状态　　　　正确答案　　　　典型的错误答案
（a）　　　　　　（b）　　　　　　（c）

图 1-3　弯曲金属管实验

可见，秉承计算机隐喻的第一代认知科学对数学问题的表征和加工是基于"专家型"学习者的精准表征和加工。这种隐喻导致了"离身心智"，它忽略了学生自身的认知经验的影响。现实中，学生因为自身经验等造成的解释框架或认知结构的局限，导致其并不能像"专家型"学习者一样，精准地习得知识。这在教学实践中表现为，有些儿童因为基础数学认知能力薄弱，通过老师的课程设计，他们的数学学习和数学能力并不能真正有效地得以提升。并且，这些儿童即使通过课堂教学和大量的"题海战术"式的练习，仍无法提高数学成绩。其原因在于，目前的课堂教学设计基本延续的是第一代认知科学的数学认知观，这些教学设计从某种程度上说，或许能促进一部分儿童对某种或某些知识的掌握，但不能真正有效地帮助到数学认知能力较弱的儿童。这种教学设计无法使他们像"专家型"学习者那样形成精准数学知识联结。因此，基于第一代认知科学的数学课堂教学设计并不能真正有效地提升这部分儿童的数学认知能力。这导致在当前的教育教学中，总是存在这样一部分儿童，他们即使通过课堂教学和大量练习仍无法增强数学能力，也无法提高数学成绩。

第三节　第二代认知科学中的数学认知观

一、第二代认知科学

以具身认知为代表的第二代认知科学的兴起，引发人们重新思考数学本质的问题。具身认知，又被称为涉身认知，是20世纪80年代以来在哲学、心理学等研究领域出现的关于人类认知过程本质的概念。具身认知有两层含义：第一，认知依赖主体经验的种类，而这些经验又出自有各种感觉运动能力的身体；第二，这些感觉运动能力本身根植于一个更广泛的生物、心理和文化的情境中（Thompson，Varela，

2001）。这也就是说人类的认知并不是离身的，相反，它源于主体的大脑、身体和身体经验的本性。认知结构来自主体具身化的细节，如主体的视觉和运动系统，以及一般的神经绑定机制（Lakoff & Johnson, 1999）。具身认知理论自提出以来，逐渐发展成为一种认知论，它对心理学尤其是对认知加工研究具有重要的影响。具身认知理论认为包括数学思想在内的许多心智，如社会认知，来源于人类共同的物理经验（Goldman & de Vignemont, 2009）。通过概念映射和隐喻等机制，我们能够构建更抽象的新观点和新理解。

（一）具身认知理论发展的渊源

具身认知的思想渊源可以追溯到约翰·杜威（John Dewey）和莫里斯·梅洛－庞蒂（Maurice Merleau-Ponty）的思想。例如，杜威认为，主体的身体经验是主体思考、理解和交流的最初的基础。梅洛－庞蒂首先提出"具身主体性"概念，也较为系统地阐释了具身认识理论，并以此来批判笛卡尔剥离心智的身体和剥离身体的心智的身心二元论思想。梅洛－庞蒂认为：身体是世界上最直接的存在，身体本身在世界中，就像心脏在肌体中一样。因此，不通过身体经验，就不可能理解物体的统一性，物体的综合是通过身体本身的综合实现的，对外部事物的知觉就是主体身体的某种知觉（李恒威，肖家燕，2006）。这就是说，主体是通过身体存在于世界之中，也是通过身体来感知和认识世界的（焦彩珍，2020）。

此外，埃德蒙德·胡塞尔（Edmund Husserl）、马丁·海德格尔（Martin Heidegger），以及乔治·莱考夫（George Lakoff）等人的思想也对具身认知理论的提出有重要贡献。胡塞尔的意义学说可以找到与具身认知思想会聚的起点，即意义是主体和客观世界相互作用之活动的给出与建构（李其维，2008）。海德格尔认为，认识的主体——人的存在不是孤立地面对与主体对立的客观世界的。人生来就处于世界之中，与世界融为一体，人与世界是充满意义的存在，也就是说世界根据我们的存在或者身体被结构化了。因此，人的心智不是与身体的存在和激活截然无关或者分离的，人的心智不是仅限于大脑，也不是与遍布全身的神经网络及身体的其他部分无关的。莱考夫和约翰逊把主体是通过身体认识世界的思想进一步给予发展完善，形成了具身认知理论。他们认为，无论主体的抽象概念变得如何复杂，其必须与主体的具身形式紧密联系。主体仅仅能经验主体的具身性允许其经验的，并基于身体的经验将所运用的概念体系概念化。这就是说主体所能经验的客体、主体对客体的经验都依赖主体身体的生理解剖结构、感官特性、运动系统的活动方式及主体与客体的相互作用等，身体经验是主体认识客观世界的起点。莱考夫和约翰逊完整地提出了具身认知理论的三个核心观点，即心智是具身的；思想大多数是无意识的、非符号的；抽象概念主要是隐喻的，而隐喻来自身体及身体的感知运动图式（Lakoff & Johnson，2008；1999）。

在心理学研究领域内，心智的具身思想可以追溯到19世纪德国的格式塔心理学派关于不存在无意象思维的观点、美国本土心理学家威廉·詹姆斯（William James）的知觉—运动理论，以及美国心理学家吉布森（J. J. Gibson）的生态心理学主张。具体而言，格式塔心理学从某个侧面反对了思维的离身性。詹姆斯的情绪外周理论认为，情绪是由外周神经生理反应的产生而引起的，情绪是个体对身体神经生理反应觉知的结果,也就是说看到狗,是因为跑而害怕,而不是因为害怕而跑。吉布森主张从主体与环境的潜在相互作用的角度思考知觉的形成和发展。所有这些理论都可以看作心理学领域内具身认知的先导(李其维,2008)。

此外,皮亚杰的发生认识论和维果茨基(L. S. Vygotsky)的认知发展的内化理论都包含了具身认知思想,他们都强调儿童认知的发生与发展均源于儿童的动作(活动)。其中,皮亚杰的发生认识论主张人的理性的、知识的、逻辑的整个大厦是建立在主、客体相互作用的活动(动作)及其协调之上的。认知的具身性就是把心智落实于人的现实经验,把现实经验联系于人的身体(包括大脑)。所有的生命现象都与认知、情绪和语言等内在活动编织在一起。心智、理性能力根植于人的身体及身体与世界的相互作用中(李其维,2008)。在当代理论心理学研究的推动下,具身认知的理论观点广泛地影响了心理学,特别是认知心理学的实证研究,具身数量表征就是具身认知思想在数学认知领域的体现。

(二)具身认知理论的基本观点

第一代认知科学没有充分认识到身体在认知过程中发挥的作用。通过对具身认知理论发展的历史渊源可知,具身认知理论的出现打破了传统认知理论研究的禁锢,强调身体对认知过程的影响。例如安德森认为认知的本质和结构依赖身体的本质、身体的结构和行为(Anderson,2003)。戈德曼(A. Goldman)和维尼蒙(F. Vignemont)2009年的研究同样主张不同的身体形式或者身体编码的心理表征在认知活动中起着重要作用。具身认知理论认为认知是通过身体的经验及身体的活动方式而形成的（叶浩生，2010）。通俗地讲，具身认知理论主张"把心理放入大脑里，把大脑放入身体内，把身体放入环境中"。叶浩生将具身认知理论归纳为：认知既是具身的，又是嵌入的；大脑嵌入身体，身体嵌入环境，构成了一体的认知系统。此处的"身体"概念不仅仅指大脑或神经机制等身体的生理解剖学结构，而且还包括了身体结构、状态、活动方式及特殊感觉—运动通道等（Ballard et al., 1997）。

具身认知理论可以从四个层面反映认知的产生：第一，具身认知理论强调心智是基于身体和涉及身体的，心智是具身的心智（叶浩生，2010；2011；Goldman & Vignemont, 2009）。具身认知理论非常强调认知对身体的依赖性，以及认知主体的身体经验对认知活动的重要性。离开身体、没有身体经验的认知是难以发生的。认知是身体对外在的感知，身体的生理解剖结构、身体的运动方式、身体的当下状态，以及身体的感知运动经验决定了人类对世界的感知和解释（叶浩生 等，2018）。总之，具身认知理论强调心身一体，不可分离，强调认知是主体身体对客观世界的感知和经验，主体对客观世界的认知由主体身体内在的解剖结构、身体的当下状态及身体的感知和运动经验等决定。

第二，具身认知理论强调情境性、生成性和动力性。具身认知理论认为认知是发生在当下的、具体的情境中的。因此，认知必然受到周围环境的影响。认知不仅仅是具身的，而且是发生在具体情境中的，情境是身体的延展。同时，认知也是生成性的，它不纯粹是主体对客观世界的表征，也不纯粹是心智的臆造，认知是身体与当下情境相互作用生成的。此外，认知是一种动力系统，认知依赖身体（包含大脑），依赖身体与客观世界的相互作用，依赖身体所处的当下情境以及这些因素的动力系统功能整合。

第三，具身认知理论强调把神经元、神经突触、分子等微观水平与大脑、身体、情境等宏观水平相结合来诠释认知过程发生、发展的神经机制。具身认知理论把身体、行为、认知及神经机制有机地结合在一起，从神经元、神经突触和分子等微观水平来阐释主体对客观世界的心智过程的神经机制（叶浩生，2011；2013）。具身认知理论认为在认知加工过程中，身体的调节使认知、身体、行为在空间和时间上形成紧密联系，以确保认知与行为之间的和谐。而确保这种和谐能够顺利实现的神经机制正是主体大脑中存在的镜像神经元（Mirror Neurons）。镜像神经元能够实现动作知觉和动作执行的匹配，也正是由于镜像神经元与镜像神经系统的存在，具身模拟的机制才得以实现，拥有身体的认知主体不仅可以通达自己的意义世界，也可以通达他人的意义世界。

第四，具身认知理论强调抽象与理性的发生基于身体经验的隐喻映射。隐喻映射是抽象思维活动的一种基本方式。具身认知理论认为抽象概念大多数是隐喻的，抽象概念的形成及高级思维的发生都是基于身体经验的隐喻映射过程。隐喻构成了人类认知活动的基础（Lakoff，1999）。借助隐喻，人类将能够以身体经验知觉的抽象概念映射到一个可以直接与身体的感知运动系统有关的具体概念中。例如，将抽象的数字概念映射到与身体感知系统有关的空间概念中，从而实现对抽象概念的表征（李恒威 等，2006；姚昭 等，2016）。这就是说，人类的思维是具身化的，抽象思维并没有完全脱离物理的感觉和活动范畴。

例如人类对道德的描述，道德高尚，道德低劣；对时间的描述，时间远、近，时间长、短等抽象概念无不是建立在与身体的感知运动经验有关的具体概念基础之上的。

二、第二代认知科学中的数学认知观

根据具身认知理论的观点，数学理论本质上认为数学是通过心智与世界的互动而产生的，而心智和世界中的每一个元素都限制了人类能够构建什么样的数学。"许多最基本的，也是最复杂的数学概念本质上都是隐喻性的"（Lakoff & Núez，2000）。概念隐喻是具身认知理论描述的一种概念机制，这种机制已被用于理解数学领域以外的语言领域。

莱考夫和努涅斯所指的基于心智的数学理论并不否认物质世界的客观性；事实上，它赋予这个世界一种对人类能够构建的数学的约束性影响。世界的行为是一致的、相当可靠的、可预测的——当你把两个对象的集合和另一个两个对象的集合放在一起时，你肯定会得到四个对象的集合，而不是五个或三个对象中的一个。婴儿对集合问题的注视时间表现说明，他们好像对这种可预测的行为有一些意识。不过这种意识只延伸到非常小的集合，即单个对象与单个对象的组合（Dehaene，1997；Dehaene & Cohen, 1997）。从进化的角度来看，人类有感数能力，即获取小的物体集合的能力。人类与其他一些动物，如黑猩猩和鹦鹉，都有少量先天或近乎先天的算术能力。但是具备先天算术能力的起点是非常有限的，而具身数学理论所要解决的问题之一，就是要找出概念机制，让人类可以从这个起点出发，发展可靠的、丰富的数学理论。

(一）数学概念机制和认知原语

在阐述数学思维的本质时，莱考夫和努涅斯提供了一套从认知语言学和具身认知理论的现有工作中提取的概念机制和认知原语。这些机制和原语包括原型（Prototypes）、意象图式（Image Schemas）、方面性概念（Aaspectual Concepts）、概念隐喻（Conceptual Metaphor）、概念合成（Conceptual Blends）和转喻（Metonymy）（Lakoff，1987；Lakoff & Núez，2000）。概念隐喻是一种重要的（但不是唯一的）机制，它被用于解释数学如何与世界和彼此联系起来。概念隐喻是一种无意识的映射，它把一个很好理解的原型生成的意向图式作为源域（Source Domain）映射到一个不太好理解的方面性概念的目标域（Target Domain），这种映射带有源域的推理结构，从而有助于构建对目标域的理解。例如，我们会说某人的工作拥有坚实的基础，或对以前的工作进行了扩展。这实际上是使用了我们相对更容易理解的物理源域，帮助人们很快理解相对不太熟悉的目标域。即使没有进行实际的物理建设过程，人们也能理解目标域所要表达的概念。在数学中，概念隐喻的例子是作为对象集合的算术隐喻。其中，我们分组或收集对象的共同的、具体化的经验充当构建自然数算术的源域。

并非所有的概念映射都来自直接的物理经验，或者与对象的操作有关。事实上，只有最基本的数学水平是由与物理经验相联系的隐喻构建的。在这一层使用的隐喻被称为背景隐喻（Grounding Metaphors）。根据具身认知理论，大多数数学概念和过程是通过现有数学领域之间的映射构建的，这一层使用的隐喻被称为链接隐喻（Linking Metaphors），即将空间被概念化为点集合时的隐喻。第三层的隐喻，不是基于物理经验，是通过转喻重新定义的隐喻，被称为重新定义隐喻（Redefinitional Metaphors）。重新定义隐喻是用技术理解取代普通概念的隐喻（Lakoff & Núez, 2000）。概念的隐喻有三种类型，基础隐喻直接源于物理经验，或与物体的操作有关，它们构建了数学的最基本层面，通过将数学概念链接到物理经验来建立理解；链接隐喻通过在现有数学领域之间的映射来构建数学的概念和过程，例如本书倡导的空间数量表征；重新定义隐喻不基于物理经验，而是"强加技术理解以替换普通概念的隐喻"，这种隐喻用于引入或修改技术性概念，从而替代或扩展日常概念。这三种隐喻类型在数学认知过程中扮演了重要的角色，他们帮助人们从不同层面和方式理解和扩展数学概念。

概念隐喻只是具身数学理论中提出的模块之一。概念合成是具身数学理论中提出的另一个模块。合成由从一个以上的源域或元素中提取的映射组成，以允许构建与任何一个源都不同构的目标域，但是它从每个源的推理结构中提取。心理数字线概念就是概念合成的例子，它是"数字作为一条线上的点"的混合。这就是说，其从先前构建的对数字和线的理解中提取，生成新的实体，即"数字（Number）—位置（Points）"被创建，新的实体具有每个源的特征。相应地，数字点具有数字和线的两个源的特征。

根据具身认知理论，抽象概念大多数是隐喻性的，隐喻主要以人的身体或者身体经验为基础，这些具身的概念域在组织更加抽象的概念的过程中起着主要的作用（Lakoff & Johnson, 1999；Rohrer, 2007）。具身认知理论强调概念表征依赖主体的感知运动经验，强调隐喻自动化的思维方式，其在日常生活中引导主体获得背景隐喻（Gallese &

Lakoff，2005）。隐喻通过特定的跨域映射就可以被称为一种认知机制。这种机制将背景隐喻的源域（如物理经验）的推理结构映射到另一个抽象的目标域（如范畴）上，以实现对目标域概念的表征。并且，通过背景隐喻的源域结构映射也可以对抽象域（Abstract Domain）生成推论网络。例如，范畴是容器，就是一种隐喻表达。

概念隐喻和心智运动在数概念、算术和数学运算的创建及概念化过程中发挥着重要作用。数概念的隐喻是：数是客体集合，是一个从物理客体域（如空间经验）到数域的映射（Lakoff & Núñez，2000；Núñez et al.，1999）。感知—运动行为的研究显示，数字知识和简单算术与背景隐喻源域及目标域的跨域映射密切相关。数字认知是基于身体限制，通过特定任务中的意愿具身在经验和情境中的（Fischer & Shaki，2018）。推演到算术活动中，"加"和"减"即是物理意义上的将一个物体加入一个容器或另一个物体中；将一个物体从一个容器中拿出来。加的日常表达比如"把盐加入菜中""把糖加入水中"等。英文中算术表达"7+2"是"add 2 to 7"。同理，减的日常表达比如"惩奸除恶"，"除"就是"去除、减去"的意思。英文中算术表达"7-2"是"take 2 from 7"。可见，算术同样是通过隐喻具身化了抽象的算术事实。"加"和"减"遵循了"增加数量到某个事物中，以使其在物理空间上更大；或者从某个事物中减少数量，以使其在物理空间上更少"的隐喻。因此，从具身认知理论的视角出发或许可以更好地统合不同层次、不同类型的数学认知理论。

（二）数字词的具身表征

不同民族的数字词系统都有与主体的身体、身体经验有关概念的关联，也就是说不同语言文化的数字词系统中都存在与身体或者身体经验有关的概念域，以其为源认知域来组织的抽象的数字概念目标域，体现了数字词的具身表征（Fischer，2012）。

不同民族的数字词系统都存在以主体的身体部位为源认知域，映射到数字概念域中，形成数字词。这类映射通常是手指和脚趾的数目映射到数字概念中，例如，巴布亚新几内亚高地的亚夯语中，表示5的数字词为"won nateng"，表示亚夯语的"手"的意思，表示10的数字词为"Koloa nateng"，即该语言中"双手"的意思；类似地，日本北部的阿伊努语中，表示5的数字词为"ashiknep"，是该语言"手"的意思，表示10的数字词为"wan"，同样是该语言中"双手"的意思（焦彩珍，2020）。

有些语言中，存在身体部位的大小、位置和顺序映射到数字词的现象。其中，一般较大身体部位的词被用作数词，表示较大数值；较小身体部位的词被用作数词，表示较小的数值。例如，巴布亚新几内亚境内的38种用身体部位词作数字词的语言中，有36种都是用"小拇指"一词来表示数字词1。再如，印欧语系中表示3的数字词源于中指在5个手指中的位置顺序。小亚细亚的赫梯语和卢威语中，表示第一的词都是源于相应语言中表示"前额"的词。类似地，汉语中，表示第一的词"首先"和"首"也是头的意思（焦彩珍，2020）。

（三）数量的具身表征

具身数字认知理论认为，主体的感知运动参与了数量认知过程。手指感知运动与数量表征有着密切关系（Riello & Rusconi，2011；Patro et al.，2015）。感知运动作为认知发生的起点，参与了认知建构。

儿童在数量表征形成的过程中，借助身体尤其是手指建构了数字认知表象。同样，成年人也存在潜在手指感知运动与数量表征的交互作用，数字认知也受到基于手指的数量表征的影响。相应地，手指的知觉丧失，或者手指动作的缺陷，与儿童数字认知能力的缺陷有关。手指知觉弱的儿童，由于更少使用手指计数，因此在算术任务中表现更差（Barnes et al., 2005; Reeve & Humberstone, 2011）。追踪研究发现，5~6岁儿童区分手指的能力可以预测其未来数学能力的发展，6岁儿童的手指区分能力可以正向预测其一年后数学技巧的发展，5~7岁儿童和10~11岁儿童的手指知觉能力可以正向预测其计算能力的发展（Gracia-Bafalluy & Noël, 2008; Noël, 2005; Penney-Wilbe et al., 2007）。

有趣的是，当研究者要求被试在完成技术任务中不能使用手指计数时，结果发现被试手部运动的神经环路皮质的兴奋性（Corticospinal Excitability）得到了增强（Andres et al., 2008）。兴奋性的增强是因为被试操作数字时使用了手指心理表征，使相应的镜像神经元被激活，进一步通过手指感知与数量表征的关系证实了数量表征的过程中，身体经验尤其是手指经验的重要性，手指感知可以促进数量表征。

三、小结

综上可知，第一代认知科学的数学认知观与具身认知的数学认知观点之间存在显著差异，这些差异可以归结为以下几个层次。

首先，第一代认知科学认为认知过程主要在大脑中进行，数学学习和问题解决依赖抽象思维和符号操作。学生通过阅读、听讲和书写等活动在大脑中构建知识网络，从而解决数学问题（Goldin & Shteingold,

2001；Schoenfeld，1985）。具身认知理论则认为认知不仅仅是单纯的大脑的活动，而是由身体及其与环境的互动所驱动的。它强调身体动作、姿势和物理互动在认知中的作用。例如，通过身体动作（手指计算或用身体移动表示数轴上的位置），学生能够更直观地理解数学概念。

其次，第一代认知科学的模式中，数学学习往往依赖反复练习和记忆。学生通过重复练习公式和定理来增强记忆，提升熟练度。这种方式强调大脑中的符号处理和逻辑推理能力。具身认知观点下，学习过程更强调身体的参与和与环境的互动。通过动作和物理互动，学生能够在具体情境中理解抽象概念（Hartmann et al.，2012）。例如，使用手势来表达数学概念或通过实际操作来体验数学问题，可以帮助学生更深刻地理解和记忆这些概念。

再次，数学知识在第一代认知科学的理论中被视为符号和公式的集合，学生通过阅读、书写和计算来掌握这些知识。教学过程主要依赖语言和文字的传递。具身认知理论认为知识的表征不仅限于符号和公式，还包括身体动作和感官体验。例如，学生在学习几何时，可以通过操作实际物体来理解形状和空间关系。这种方法不仅使知识更加直观，还能通过多感官体验增强记忆和理解。

最后，在第一代认知科学的框架下，问题解决主要依赖逻辑推理和算法。学生通过应用已知的定理和公式，按照固定步骤进行推理和计算来解决问题。具身认知理论强调利用身体动作和环境互动来辅助问题解决。例如，在解决复杂问题时，学生可以通过身体动作来模拟和理解问题的结构和解法。这种方法可以帮助学生在面对抽象问题时更容易找到解决路径。

参考文献

[1] 焦彩珍. 具身认知理论的教学论意义 [J]. 西北师大学报（社会科学版），2020，57（4）：36-44.

[2] 李恒威，肖家燕. 认知的具身观 [J]. 自然辩证法通讯，2006，28（1）：29-34.

[3] 李其维. "认知革命"与"第二代认知科学"刍议 [J]. 心理学报，2008，40（12）：1304-1327.

[4] 李恒威，黄华新. "第二代认知科学"的认知观 [J]. 哲学研究，2006（6）：92-99.

[5] 姚昭，朱湘茹，王振宏. 语义表征具身理论：情绪在概念表征中的作用 [J]. 心理科学，2016，39（1）：69-76.

[6] 叶浩生. 具身认知：认知心理学的新取向 [J]. 心理科学进展，2010，18（5）：705-710.

[7] 叶浩生. 有关具身认知思潮的理论心理学思考 [J]. 心理学报，2011，43（5）：589-598.

[8] 叶浩生. 认知与身体：理论心理学的视角 [J]. 心理学报，2013，45（4）：481-488.

[9] 叶浩生，麻彦坤，杨文登. 身体与认知表征：见解与分歧 [J]. 心理学报，2018，50（4）：462-472.

[10] ANDRES M, DI LUCA S, PESENTI M. Finger counting: the missing tool?[J]. Behavioral and Brain Sciences, 2008, 31（6）: 642-643.

[11] ALAN H S. Cognitive science and mathematics education[M]. New York: Routledge, 1987.

[12] ANDERSON J R. Acquisition of cognitive skill[J]. Psychological Review, 1982, 89（4）: 369-406.

[13] BALLARD D H, HAYHOE M M, POOK P K, et al. Deictic codes for the embodiment of cognition[J]. Behavioral and Brain Sciences, 1997, 20（4）: 723-742.

[14] BARNES M A, SMITH-CHANT B, LANDRY S H. Number Processing in

Neurodevelopmental Disorders: Spina bifida myelomeningocele[C]//Campbell J I D: Proceedings of the Annual Meeting of the Cognitive Science Society, New York: Psychology Press, 2005.

[15] CARAMAZZA A, MCCLOSKEY M, GREEN B. Naive beliefs in "sophisticated" subjects: misconceptions and trajectories of objects[J]. Cognition, 1981, 9: 117-123.

[16] DEHAENE S. The number sense: how the mind creates mathematics[M]. Oxford: Oxford University, 1997.

[17] DEHAENE S, COHEN L. Cerebral pathways for calculation: double dissociation between rote verbal and quantitative knowledge of arithmetic[J]. Cortex, 1997, 33 (2): 219-250.

[18] DOVE G. Beyond perceptual symbols: a call for representational pluralism[J]. Cognition, 2009, 110 (3): 412-431.

[19] FISCHER M H. A hierarchical view of grounded, embodied, and situated numerical cognition[J]. Cognitive processing, 2012, 13 (1): 161-164.

[20] FISCHER M H, SHAKI S. Number concepts: abstract and embodied[J]. Philosophical Transactions of the Royal Society B: Biological Sciences, 2018, 373 (1752): 20170125.

[21] GAGNÈ R M, BRIGGS L J. Principles of instructional design[M]. 2nd ed. New York: Holt, Reinhart, & Winston, 1979.

[22] GALLESE V, LAKOFF G. The brain's concepts: the role of the sensory-motor system in conceptual knowledge[J]. Cognitive Neuropsychology, 2005, 22 (3-4): 455-479.

[23] GINSBURG H, OPPER S. Piaget's theory of intellectual development[M]. Englewood Cliffs, NJ: Prentice-Hall, 1969.

[24] GOLDIN G A, SHTEINGOLD N. Systems of Representations and the Development of Mathematical Concepts[C]//The Roles of Representation in School Mathematics, 2001 Yearbook. Reston, VA: NCTM, 2001: 1-23.

[25] GOLDMAN A, DE VIGNEMONT F. Is social cognition embodied?[J]. Trends in

Cognitive Sciences, 2009, 13 (4): 154-159.

[26] GRACIA-BAFALLUY M, NOËL M P. Does finger training increase young children's numerical performance?[J]. Cortex, 2008, 44 (4): 368-375.

[27] HARTMANN M, GARBHERR L, MAST F W. Moving along the mental number line: interactions between whole-body motion and numerical cognition[J]. Journal of Experimental Psychology: Human Perception and Performance, 2012, 38 (6): 1416-1427.

[28] LAKOFF G. Women, fire and dangerous things: what categories reveal about the mind[M]. Chicago: University of Chicago Press, 1987.

[29] LAKOFF G, JOHNSON M. Philosophy in the flesh: the embodied mind and its challenge to western thought[M]. New York: Basic Books, 1999.

[30] LAKOFF G, JOHNSON M. Metaphors we live by[M]. Chicago: University of Chicago Press, 2008.

[31] LAKOFF G, NÚÑEZ R. Where mathematics comes from[M]. New York: Basic Books, 2000.

[32] MCCLOSKEY M. Naive Theories of Motion[C]//Gentner D, Stevens A. (Eds.), Mental Models. Hillsdale, NJ: Lawrence Erlbaum Associates, 1983: 299-324.

[33] MCCLOSKEY M, CARAMAZZA A, GREEN B. Curvilinear motion in the absence of external forces: naive beliefs about the motions of objects[J]. Science, 1980, 210: 1139-1141.

[34] PARISI D. The other half of the embodied mind[J]. Frontiers in Psychology, 2011, 2: 69.

[35] NOËL M P. Finger gnosia: A predictor of numerical abilities in children?[J]. Child Neuropsychology, 2005, 11 (5): 413-430.

[36] NÚÑEZ R E, EDWARDS L D, FILIPE MATOS J O. Embodied cognition as grounding for situatedness and context in mathematics education[J]. Educational Studies in Mathematics, 1999, 39 (1): 45-65.

[37] PATRO K, NUERK H C, CRESS U. Does your body count? embodied influences on the preferred counting direction of preschoolers[J]. Journal of Cognitive

Psychology, 2015, 27 (4): 413-425.

[38] PENNER-WILGER M, FAST L, LAFEYRE J A, et al. The Foundations of Numeracy: Subitizing, Finger Gnosia, and Fine Motor Ability[C]//McNamara D S, Trafton J G: Proceedings of the Annual Meeting of the Cognitive Science Society, Austin: Cognitive Science Society, 2007, 29 (29).

[39] PIAGET J. The construction of reality in the child[M]. New York: Basic Books, 1954.

[40] PÓLYA G. Mathematical discovery[M]. Combined paperback edition. New York: WIley, 1981.

[41] REEVE R, HUMBERSTONE J. Five-to 7-year-olds' finger gnosia and calculation abilities[J]. Frontiers in Psychology, 2011, 2: 359.

[42] RESNICK L B. Toward a Cognitive Theory of Instruction[C]//Paris S, Olson G M, Stevenson H W. (Eds.), Learning and Motivation in the Classroom. Hillsdale, NJ: Lawrence Erlbaum Associates, 1983: 5-38.

[43] RIELLO M, RUSCONI E. Unimanual snarc effect: hand matters[J]. Frontiers in Psychology, 2011, 2: 372.

[44] ROHRER T. Embodiment and Experientialism[C]//Geeraerts D, Cuyckens H: The Oxford Handbook of Cognitive Linguistics, Oxford: Oxford University Press, 2007.

[45] SCHOENFELD A H. Mathematical problem solving[M]. New York: Academic Press, 1985.

[46] SKINNER B F. Teaching machines[J]. Science, 1958, 128: 969-977.

[47] THOMPSON E, VARELA F J. Radical embodiment: neural dynamics and consciousness[J]. Trends in Cognitive Sciences, 2001, 5 (10): 418-425.

[48] THORNDIKE E L. The psychology of arithmetic[M]. New York: Macmillan, 1922.

[49] WERTHEIMER M. Productive thinking[M]. New York: Harper & Row, 1959.

Chapter 2
第二章

具身数学认知研究及发展

具身认知理论指出，认知不仅依赖大脑，还依赖身体与环境的交互过程。具身数学认知（Embodied Mathematics Cognition）作为这一理论在数学领域的应用，强调数学思维和概念的形成依赖身体经验和感知—运动活动。以具身认知理论为基础的实证研究表明，看似抽象的数字认知实际上根植于感官和身体经验之中。特别是在手指计数、手势等基于手的运动经验中，基于手的表征反映了我们称之为具身数感的具身认知。基于手的表征应被视为一种独特的数字（数量）表征，每当我们遇到数字时，这种表征会自动激活。具身数量感知不只是基于手的表征，通过移动整个身体沿着心理数字线的身体感知—运动经验也能够增强数量感知能力。干预研究发现具身的感知—运动训练在不同年龄组、不同数字媒体、不同数字范围和不同控制条件下具有更显著的训练效果。

第一节　数学认知的具身经验

一、手指与数——手指的数量表征

数量的手指表征反映了一种特别基本的具身认知（Barsalou，2008；Wilson，2002），这种认知一般在儿童时期建立，并持续到成年。以往的研究者不仅观察到儿童在学习计数和计算时会用手指（Fuson & Kwon，2013），还有一些更为详细的研究发现了数字与手指表征之间存在可靠的关联。例如，有研究通过比较常规的（例如，用拇指、食指和中指，其中中指表示 3）和非常规的（例如，用食指、无名指和小指，其中无名指表示 3）手指计数模式，研究了基数数量信息与手指表征之间的关联。当被要求说出某个给定手指模式所表示的数字时，被试在看到常规模式时比看到非常规模式时反应更快（Di Luca & Pesenti，2008）。这些结果表明：①数字表征受手指计数中的序数顺序影响（即中指与 3 相关，因为它通常是在手指计数时第三个伸出的手指）；②受手指计数序列产生的基数方面影响（即特定的手指模式与某些数字相关），可以假设手指和数字的心理表征之间存在系统性关联。

这一观点进一步得到了基于手指的表征对更复杂的数字任务影响的支持。多玛斯等人观察到，儿童在加法和减法中产生了明显超过预期的错误答案，这些错误答案与正确结果相差 5（即"整只手"）。作者将此归因于可能未能跟踪需要代表正确结果的手（Domahs et al.，2008）。这种效应不仅仅是儿童数字发展中的一个过渡阶段，在成人中也同样观察到了类似的五进制效应（Klein et al.，2011）。神经心理学研究发现，手指和数字在大脑中的表征是相关的，甚至是共同的（Kaufmann et al., 2008; Rusconi et al., 2005），这表明手指和数字之间存在系统性、自动化、双向和功能性的关联，这种关联可以被视为数字的具身手指表征或手指数字表征（Fischer & Brugger, 2011）。

二、手指数量表征的理论解释

基于手指的数字表征应被视为一种独特的数字（数量）表征（Bender & Beller, 2011; Di Luca & Pesenti, 2011），它可以被视为儿童早期手指计数和手指计算过程中多模式感官输入整合，以及随后的相应运动程序的离线模拟的结果（Moeller & Nuerk, 2012）。因此，基于手指的表征符合具身表征的定义（Wilson, 2002）。

每当我们遇到一个数字（个位数）时，这种基于手指的数量表征会与其他数字表征一起被激活。当前得到大多数研究者认可的数字处理模型——三重代码模型假设，我们的大脑中存在三种不同的数字表征：一种模拟数量表征、数字词和算术事实的语言表征，以及阿拉伯数字符号的视觉数字表征（Dehaene & Cohen, 1995）。数量表征假设除数字的抽象数值意义（即该数字编码的数感）之外，每当遇到一个数字，该数字在心理数字线上相应的空间位置也会自动激活。因此，基于手指的数字（数量）表征与数字数量的空间表征一样，会被自动激活（Moeller & Nuerk, 2012）。

基于手指的表征，一方面是更一般的数字数量表征的特定部分，另一方面还可以解释手指与数字之间的关联。迪卢卡和佩森蒂的研究结果进一步发现，与手指相关的多感官（例如视觉和本体感觉）经验的重复体验，导致了由文化背景及手指数字表征自身的具体特征所塑造的独特的手指具身数量表征（Di Luca & Pesenti，2008）。与迪卢卡和佩森蒂的研究结论一致，多马斯等人和克莱恩等人也分别观察到了与被试的手指计数系统的五进制基础相关的特定效应（Domahs et al.，2008；Klein et al.，2011），且这些效应在手指计数系统本身就是五进制基础系统的文化中更为强烈（Domahs et al.，2010，2012）。

可见，基于手指的数字（数量）表征是一个独特且会被自动激活的数字表征，这一现象可以解释大多数观察到的手指与数字之间的关联。它是具身数字表征整合到当前的数字处理模型中的第一步。然而，具身数感并不是仅局限于手指的数字表征的情况。具身数字表征可以扩展到手势对数学理解、数学推理等的作用。

三、手势与数学认知

大量研究表明，手势在数学学习中起到了重要的辅助作用。手势不仅可以帮助学生更好地理解和记忆数学概念，还可以提高他们的数学推理能力。例如，动态描绘手势（Dynamic Depictive Gestures）在数学证明中的应用显示，使用这些手势的学生在生成有效证明方面的成绩表现优于不使用手势的学生。

手势在数学学习中的作用可以通过具身认知理论来解释。具身认知理论认为，认知不仅是大脑的活动，还包括身体和环境的互动。手势作为一种身体活动，可以帮助学生通过视觉和运动感知来理解数学概念。苏珊·戈尔丁－梅多（Susan Goldin-Meadow，2005）在《和你的手一起思考》(*Hearing Gesture：How Our Hands Help Us Think*)

一书中指出，手势在数学学习中起到了重要的辅助作用。手势可以作为一种外在的认知工具，帮助学生将抽象的数学概念具体化。他们发现，学生在解释数学概念时使用手势，可以帮助他们更好地理解和记忆这些概念。例如，当学生用手势比画一个几何图形时，他们对这个图形的理解会更加深刻和持久。

库克等人的研究表明，当学生在解决数学问题时使用手势，他们的理解和记忆水平均得到显著提高。通过实验研究，他们发现使用手势的学生比仅用语言解释的学生更能正确回答问题并保持长久的记忆（Cook et al., 2008）。贝洛克和戈尔丁-梅多提出教师使用手势可以显著提高学生的学习成绩。他们同样通过实验研究了手势在数学教学中的有效作用。结果发现，教师在讲解数学概念时使用手势，学生能够更直观地理解这些概念，从而增强学习效果（Beilock & Goldin-Meadow, 2010）。

纳森等人的研究进一步探讨了动态描绘手势在数学证明中的作用。动态描绘手势是指通过手势来表示数学对象的运动和变化。例如，在证明三角形的内角和为180°时，学生可以通过手势来表示三角形的角度变化和移动。研究发现，使用动态描绘手势的学生在完成数学证明时表现更好。可以使用动态描绘手势的学生正确完成数学证明的概率比不能使用动态描绘手势的学生高出4.14倍（Nathan et al., 2021）。

研究还发现，手势可以促进儿童的数学推理能力。例如，阿里巴利和纳森的研究表明，手势不仅可以帮助学生理解当前的问题，还可以帮助他们推理和解决更复杂的问题（Alibali & Nathan, 2012）。因为在解决复杂问题的过程中,手势可以通过提供一种具体的、可视化的表达方式,帮助学生在推理过程中组织和整合信息。

第二节 具身数学认知研究的发展

一、具身数概念的身体表征

以往的研究结果表明,当结合数字数量的空间表征和基于手指的表征时(假设数字的这两种表征都会自动激活),数字的具身表征可以超越手指表征。费希尔观察到,手指计数习惯似乎有助于数字与空间之间的关联。对于那些从左手开始手指计数的被试,较小的数字与左边、较大的数字与右边的关联(SNARC效应,Dehaene et al.,1993)比从右手开始手指计数的被试更为明显(Fischer,2008)。基于这一发现,后续的研究者进一步探索是否也可以通过全身的运动(不仅仅是手指)来促进数字特定方向的空间表征(Moeller et al.,2012)。根据费希尔的研究,假设身体运动应与数字的空间表征共享方向,以支持数字空间表征的激活,在现代阅读和书写习惯塑造的自左向右方向的心理数字线表征的情况下,无论是手指计数的方向,还是身体运动的方向,都应是与数字递增的空间表征方向相关的从左到右方向的运动才能有效激活和促进对数字的加工。

费希尔等人和莫勒(Moeller)等人分别通过一系列干预研究验证了上述假设。他们采用不同的数字媒介,设计了沿着从左向右的心理数字线的特定方向全身运动任务，进行了系列干预实验研究。在第一项研究中，以幼儿园的儿童为被试，在实验组的实验任务中，孩子们在一个数字舞蹈垫上进行大小比较任务训练，以创建全身运动反应（向左或向右迈步，Fischer et al.，2011）。在对照组的实验任务中，孩子们只是在平板电脑上勾选两个数字中较大的一个。结果发现，在数字舞蹈垫上完成实验干预任务组的儿童，在数字线估算任务和评估计数能力的转移任务中都表现出了更为显著的提升。这证明这种身体训练比对照组训练更有效。后续的研究进一步具体分析和扩展这一结果。后续的研究中，研究者们选取了不同年龄组的孩子（从幼儿园到二年级），使用不同的数字媒介（例如，舞蹈垫、智能板、Xbox Kinect 传感器）进行干预训练。在这项干预实验中，研究者们对身体运动进行了分类（在舞蹈垫上向左或向右迈步；连续的身体体验，如沿着智能板或 Xbox Kinect 传感器上的地板上贴的数字线行走），以促进不同数字范围（0~10 到 0~100）的空间数字线表征。结果发现，与舞蹈垫和 Xbox Kinect 传感器两个不同的对照条件相比，沿着数字线的身体运动更显著地改善了心理数字线表征。实验中，一个对照条件控制了运动的影响（例如，在智能板上进行非数字任务），另一个对照条件控制了任务内容的影响（同一任务的数字训练，但没有身体运动）。此外，研究还发现了干预中未直接训练的数字能力（例如，计数能力或加法）的提升效果与身体训练条件相关联（Moeller et al.，2012）。这些研究结果说明，具身数感的概念不仅限于基于手指的表征，而且可以推广到其他特定的身体运动经验和数字的关联。

二、促进数学认知发展的具身训练

（一）具身设计

戈尔丁-梅多等人的研究也发现了手势在数学学习中起着重要的辅助作用。他们发现，学生在解释数学概念时使用手势可以帮助他们更好地理解和记忆这些概念（Goldin-Meadow et al.，2005）。基于上述研究的研究结果，亚伯拉罕森（Abrahamson）提出了"具身设计"（Embodied Design）理论框架，强调通过具体的身体操作和感官体验来引导学生理解抽象的数学概念。这个框架的基本思想是，通过让学生进行具体的身体活动，如手势或操作实际物体，来帮助他们建立对数学概念的直观理解。例如，学生可以通过操作物体来理解比例和分数，从而将抽象的数学概念具体化（Abrahamson，2009；2012）。

此后，具身设计研究继续深化，并在教育实践中得到了更广泛的应用。研究者们提出了一系列新的理论框架和设计原则，支持数学教育中的具身学习。其中最有代表性的是亚伯拉罕森等人进一步以"具身设计"理论框架为基础开展的系列研究。他们基于该框架，提出了一系列设计原则和方法，用来指导具身数学学习活动的设计和实施。这些原则包括自然化的感官运动体验、具体操作与抽象概念的桥梁、互动与反馈机制、多感官参与等（Abrahamson et al.，2020）。具体而言，他们认为活动设计应当利用学生的自然感官运动能力，通过手势或身体动作来表示数学概念；活动设计应在具体操作与抽象数学概念之间建立明确的联系；学习活动应包含互动和即时反馈机制；鼓励学生使用多种感官（视觉、触觉和听觉）来参与学习活动。随后，亚伯拉罕森等人通过一系列实证研究，验证了具身设计在数学教育中的有效性。

研究发现,通过具体的身体活动和感官体验,学生的确能够更好地理解和内化数学概念(Abrahamson et al., 2021)。例如,在研究中,学生通过手部动作操作虚拟对象,以达到关于比例的特定目标,这种活动帮助学生直观地理解比例关系,并在后续的学习中更好地掌握这一抽象概念。

(二)技术与具身训练的结合

随着技术的发展,具身数学认知的研究逐渐扩展到数字化工具和虚拟现实(Virtual Reality,简称 VR)技术的应用。例如,约翰逊 - 格伦伯格等人研究了虚拟现实和混合现实(Mixed Reality)环境中的具身学习,发现这些技术可以显著增强学生的数学学习体验和效果(Johnson-Glenberg et al., 2014)。触摸屏技术、运动捕捉设备(如 Microsoft Kinect)及增强现实(Augmented Reality,简称 AR)技术的应用,使学生可以通过更自然的身体动作来与数学内容互动,从而提高了学习的参与度,增强效果。例如,使用虚拟现实技术让学生在虚拟环境中操作几何图形,使他们能够通过视觉、触觉和动作感知来理解几何的性质和关系。这种多感官的参与显著提高了学生对抽象数学概念的理解和记忆。又如,在学习多面体时,学生可以通过旋转和移动虚拟的多面体,理解其面、边和顶点的关系。这种具体的操作能帮助学生将抽象的几何概念具体化,增强了他们的空间思维能力。

亚伯拉罕森等人也倡导现代技术(如虚拟现实技术和增强现实技术)在具身设计中的应用,认为这些技术可以提供高度沉浸式的学习环境,使学生能够通过互动和感官体验更深入地理解数学概念(Abrahamson et al., 2021)。例如,虚拟现实技术可以让学生在三维环境中操作几何图形，增强对空间关系和几何性质的理解。增强现实技术则通过将虚拟元素叠加在现实世界中，使学生能够在真实环境中进行数学学习。因此，技术的进步除了可以直接促进儿童具身数学认知自身的发展，也可以通过激发学生的学习兴趣和学习动机，提高学生学习的参与感，增强参与动力，间接促进儿童具身数学认知的发展。因为，虚拟现实技术和增强现实技术的应用，可以使学生通过沉浸式的体验来学习数学。研究表明，这些技术也可以显著增强学生的学习动机，提高参与度，进而增强学习效果（Segal，2011）。

（三）具体的操作与抽象数学思维的连接

研究表明，具体的操作同样可以显著促进抽象数学思维的发展。这种连接通过让学生使用身体动作来理解和体验数学概念，使他们能更深入地掌握抽象的数学原理。根据具身认知理论，认知过程不仅仅依赖大脑的运作，还包括身体和环境的相互作用。具体的操作通过提供直接的感觉和运动经验，帮助学生建立对抽象概念的直观理解。当儿童在学习数数和简单加减法时，通过操作实际存在于他们眼前和手边的物体，如积木，可以更直观地理解这些数学概念。这种具体的操作帮助儿童在后续的数学学习中更好地理解抽象的数学概念。

具体的操作在数学认知学习中的作用也得到了进一步验证。例如，约翰逊 - 格伦伯格等人研究了具体操作在数学学习中的作用，发现具体操作可以帮助学生更好地理解抽象的数学概念，并且这种效果在幼儿和小学阶段尤为显著（Johnson-Glenberg et al.，2014）。多玛斯等人的研究证明了手指计数等具体操作在早期数学学习中起到了重要作用，特别是在理解和内化数字概念方面的重要作用。他们发现，使用手指计数的孩子在数数和基本运算方面表现得更好，因为儿童掰手指计数的实物操作为大脑加工数字提供了一个具体的视觉和触觉辅助工具，实物操作可以帮助孩子们理解数字的意义（Domahs et al., 2010）。

通过手部动作操作也有助于理解比例关系。亚伯拉罕森和特尔尼克研究了手部动作在理解比例关系中的作用。他们设计了一种学习活动，让学生通过手部动作来操作虚拟对象，以达到特定的比例目标。例如，通过调节两个手部的运动速度来使屏幕上的光标保持在预定轨道上。这种活动通过具体的身体操作，帮助学生直观地理解比例关系，并使他们在后续的学习中更好地掌握了这一抽象概念（Abrahamson & Trninic, 2015）。

具体操作可以架起具体问题与抽象概念之间的桥梁。约翰逊-格伦伯格等人的研究表明，具体操作可以帮助学生将抽象概念具体化。例如，在学习分数时，学生通过分割实际物体（如比萨或蛋糕）来理解分数的意义。这种具体的操作不仅让学生直观地看到分数的分割方式，还帮助他们在心中形成关于分数的抽象概念。

以上与具身操作有关的研究结果在实际教学中具有重要应用价值。教师可以充分设计各种具体操作活动，帮助学生通过身体的参与来理解数学概念。例如，在讲解比例、分数和几何等抽象概念时，教师可以使用物理教具或数字工具，让学生通过具体操作来体验和理解这些概念等。

参考文献

[1] ABRAHAMSON D. Embodied design: Constructing means for constructing meaning[J]. Educational studies in mathematics, 2009, 70: 27-47.

[2] ABRAHAMSON D. Discovery reconceived: product before process[J]. For the Learning of Mathematics, 2012, 32（1）: 8-15.

[3] ABRAHAMSON D, DUTTON E, BAKKER A. Toward an Enactivist Mathematics Pedagogy[C]//Steven A S: The Body, Embodiment, and Education. Routledge, 2021: 156-182.

[4] ABRAHAMSON D, NATHAN M J, WILLIAMS-PIERCE C, et al. The future of embodied design for mathematics teaching and learning[J]. Frontiers in Education, 2020, 5: 147.

[5] ALIBALI M W, NATHAN M J. Embodiment in mathematics teaching and learning: evidence from learners' and teachers' gestures[J]. Journal of the Learning Sciences, 2012, 21（2）: 247-286.

[6] ABRAHAMSON D, LINDGREN R. Embodiment and Embodied Design[C]//Sawyer, R. K.（Ed.）, The Cambridge handbook of the learning sciences（3rd ed.）. Cambridge: Cambridge University Press, 2022: 301-320.

[7] ABRAHAMSON D, TRNINIC D. Bringing forth mathematical concepts: signifying sensorimotor enactment in fields of promoted action[J]. ZDM, 2015, 47: 295-306.

[8] BARSALOU L W. Grounded cognition[J]. Annu. Rev. Psychol., 2008, 59: 617-645.

[9] BENDER A, BELLER S. Fingers as a tool for counting – naturally fixed or culturally flexible?[J]. Frontiers in psychology, 2011, 2: 256.

[10] BEILOCK S L, GOLDIN-MEADOW S. Gesture changes thought by grounding it in action[J]. Psychological Science, 2010, 21（11）: 1605-1610.

[11] COOK S W, MITCHELL Z, GOLDIN-MEADOW S. Gesturing makes learning last[J]. Cognition, 2008, 106（2）: 1047-1058.

[12] DEHAENE S, COHEN L. Towards an anatomical and functional model of number processing[J]. Mathematical cognition, 1995, 1（1）: 83-120.

[13] DEHAENE S, BOSSINI S, GIRAUX P. The mental representation of parity and number magnitude[J]. Journal of experimental psychology: General, 1993, 122（3）: 371-396.

[14] DI LUCA S, PESENTI M. Masked priming effect with canonical finger numeral configurations[J]. Experimental Brain Research, 2008, 185: 27-39.

[15] DI LUCA S, PESENTI M. Finger numeral representations: more than just another symbolic code[J]. Frontiers in psychology, 2011, 2: 272.

[16] DOMAHS F, KRINZINGER H, WILLMES K. Mind the gap between both hands: evidence for internal finger-based number representations in children's mental calculation[J]. Cortex, 2008, 44（4）: 359-367.

[17] DOMAHS F, MOELLER K, HUBER S, et al. Embodied numerosity: Implicit hand-based representations influence symbolic number processing across cultures[J]. Cognition, 2010, 116: 251-266.

[18] DOMAHS F, KLEIN E, MOELLER K, et al. Multimodal semantic quantity representations: further evidence from Korean sign language[J]. Frontiers in Psychology, 2012, 2: 13866.

[19] FISCHER M H. Finger counting habits modulate spatial-numerical associations[J]. Cortex, 2008, 44（4）: 386-392.

[20] FISCHER M H, BRUGGER P. When digits help digits: Spatial-numerical associations point to finger counting as prime example of embodied cognition[J]. Frontiers in Psychology, 2011, 2: 260.

[21] FISCHER U, MOELLER K, BIENTZLE M, et al. Sensori-motor spatial training of number magnitude representation[J]. Psychon Bull Rev, 2011, 18: 177-183.

[22] FUSON K C, KWON Y. Learning Addition and Subtraction: Effects of Number Words and Other Cultural Tools[C]//Bideaud J, Fischer J P: Pathways to number. Psychology Press, Hillsdle, NJ: Erlbaum, 2013: 283-306.

[23] GOLDIN-MEADOW S. Hearing Gesture: how Our Hands Help Us Think[M]. Cambridge, MA: Harvard University Press, 2005.

[24] JOHNSON-GLENBERG M C, BIRCHFIELD D A, TOLENTINO L, et al. Collaborative embodied learning in mixed reality motion-capture environments: two science studies[J]. Journal of educational psychology, 2014, 106 (1): 86.

[25] KAUFMANN L, VOGEL S E, WOOD G, et al. A developmental fMRI study of nonsymbolic numerical and spatial processing[J]. Cortex, 2008, 44 (4): 376-385.

[26] KLEIN E, MOELLER K, WILLMES K, et al. The influence of implicit hand-based representations on mental arithmetic[J]. Frontiers in psychology, 2011, 2: 12471.

[27] MOELLER K, FISCHER U, LINK T, et al. Learning and development of embodied numerosity[J]. Cognitive processing, 2012, 13: 271-274.

[28] MOELLER K, NUERK H-C. Fingerbasierte Repräsentationen als verkörperlichte Vorläuferfähigkeit mathematischer kompetenzen: ein plädoyer für mehr dialog zwischen fachdidaktik und neuropsychologie[J]. Lernen und Lernstörungen, 2012, 1: 63-71.

[29] NATHAN M J, SCHENCK K E, VINSONHALER R, et al. Embodied geometric reasoning: dynamic gestures during intuition, insight, and proof[J]. Journal of Educational Psychology, 2021, 113 (5): 929.

[30] RUSCONI E, WALSH V, BUTTERWORTH B. Dexterity with numbers: rTMS over left angular gyrus disrupts finger gnosis and number processing[J]. Neuropsychologia, 2005, 43 (11): 1609-1624.

[31] SEGAL A. Do gestural interfaces promote thinking?Embodied interaction:

congruent gestures and direct touch promote performance in math[D]. New York: Columbia University, 2011.

[32] WILSON M. Six views of embodied cognition[J]. Psychonomic bulletin & review, 2002, 9: 625-636.

Chapter 3
第三章

具身数学认知与感知—运动空间训练

数学认知能力作为人类最重要的高级认知功能之一，在儿童的成长过程中起着重要作用。大量研究发现，幼儿早期数字能力的发展可以预测他们今后的数学成绩。感知—运动空间训练（Sensori-Motor Spatial Trainings of Number）作为一种基于数学认知能力提升儿童数学能力的方式之一，可以有效地促进儿童早期数学能力的发展。本章主要介绍基于具身数学认知的感知—运动空间训练的可能性前提、基础及有效性，为后续章节的实证研究提供文献证据。

第一节 儿童数学认知能力及其促进方式

数学认知能力是人类最重要的高级认知功能之一，是个体正确认识客观世界的基本能力。儿童数学认知能力包括：数字及计算、数学推理、概率与统计、测量、几何与模式认知能力（黄大庆 & 陈英和，2016）。儿童早期数学能力包括数数、认数字、对量的理解、简单计算等（周新林，2016）。儿童数学认知能力在数学学习过程中发挥着重要的作用。大量研究发现，儿童早期数学能力的发展可以预测他们今后的数学成绩（Booth & Siegler, 2008; Dyson et al., 2013; Dyson et al., 2015; Holloway & Ansari, 2009; Hornung et al., 2014; Jacobi-Vessels et al., 2016; Jordan et al., 2012; Jordan et al., 2006; Jordan & Kaplan et al., 2008, 2009; Lloyd, 2013; Locuniak & Jordan, 2008; Östergren & Träff, 2013; Papadakis et al., 2017）。例如，幼儿园阶段的数学能力能够预测其小学阶段的数学成绩（Aunio & Niemivirta, 2010; Geary, 2013; Jordan et al., 2009; Östergren & Träff, 2013）。在控制了一般认知能力（如工作记忆）、年龄、性别以及父母的社会经济地位后，儿童早期的数学能力能够预测其小学阶段的数学成绩（Jordan & Glutting et al., 2008; Locuniak & Jordan, 2008）。由此可见，儿童早期数学发展非常重要。

目前儿童早期数学能力发展的促进方式可以概括为两类：一类是基于课程设计的促进，另一类是基于数学认知能力的促进（周新林，2016）。基于课程设计的促进是研究者根据教育学、心理学及幼儿园课程设计的原则，针对儿童数学能力的发展规律和特点，设计一系列幼儿园课程教学内容，通过教学活动来促进儿童早期数学能力的增强。如"数字世界"（Number World）、小孩子大数学（Big Math for Litter Kids）等，这些基于课程设计的促进方式能够有效地促进儿童早期数学能力的提升（Clements & Sarama, 2008; Dyson et al., 2013; Jordan et al., 2012; Klein et al., 2008; Sood & Jitendra, 2013）。基于课程设计的促进方式的实施需要很多资源，实施过程对教师要求较高（Papadakis et al., 2017; Wilson et al., 2014）。基于数学认知能力的促进是通过训练基本的数学认知能力来促进儿童早期数学能力的发展。

被认为对儿童的数学发展具有重要影响的基本数字认知能力之一即空间—数字表征能力。不同大小的数字是在一条从左向右递增的数字线上进行空间表征的观点得到了诸多研究的证实（Fischer & Shaki, 2014; Göbel et al., 2011）。数字的空间表征问题之所以得到诸多研究的关注，是因为数字与空间的系统性联合在儿童早期就得以发展（De Hevia & Spelke, 2009; McCrink & Wynn, 2009; Patro & Haman, 2012），这种联合具有现实意义。例如，空间数字任务（数字线估计任务）与儿童当前的以及未来的数学成绩有关（Booth & Siegler, 2008），通过对这一空间数字任务的训练，儿童的数学成绩也得到了提升（Fischer et al., 2011; Ramani & Siegler, 2008, 2011; Siegler & Ramani, 2008, 2009）。可见，探索有效的数字认知干预训练来促进数学能力对计算障碍儿童和数学学习落后儿童均有重要的意义。

这些数字认知干预训练基于两个非常重要的观点：一个是，复杂的数学能力建立在基本数学表征基础之上的观点；另一个是，抽象的概念表征建立在个体的感知和身体表征基础之上的观点，即具身认知的观点。因此，可将这些干预训练归纳为感知—运动空间训练或具身数字训练（Embodied Numerical Trainings）。这里将从感知—运动空间训练的可能性前提、感知—运动空间训练的基础和感知—运动空间训练的有效性3个方面加以介绍，为儿童早期数学能力的促进提供依据。

第二节　感知—运动空间训练的可能性前提：数字的空间表征机制

一、空间能力与数学能力的关联

诸多研究揭示了空间任务完成得好的人，在数学方面也同样表现优异（Cheng & Mix, 2014；Kyttälä & Lehto, 2008；Mix & Cheng, 2012）。以儿童为研究对象的研究同样表明了空间能力与数学能力之间的关联（Casey et al., 2001；Hawes et al., 2015；Laski et al., 2013；LeFevre et al., 2013；Levine et al., 2012；Mix et al., 2016；Verdine et al., 2014）。例如，较强的视空间工作记忆与高水平的计算任务（Ashkenazi et al., 2013；McKenzie et al., 2003）、数字线估计任务（Gunderson et al., 2012；Huber et al., 2015）、非语言的问题解决任务（Rasmussen & Bisanz, 2005）及整体数学成绩相关（Alloway & Passolunghi, 2011；Gathercole & Pickering, 2000a, 2000b；Meyer et al., 2010；Raghubar et al., 2010）。研究还发现，空间任务中的心理旋转任务成绩（第三版韦氏儿童智力量表中的积木分测验）与儿童学龄前到学龄期（从幼儿园到十二年级）的数学学业成绩呈显著的正相关（Lachance & Mazzocco, 2006；Markey, 2009；Mazzocco & Myers,

2003）。除此之外，研究也证明了空间能力的早期干预对缩小儿童数学学习差距的重要作用（Jordan et al.，2009；Klibanoff et al.，2006；Lowrie et al.，2017；Starkey et al.，2004）。

二、数字空间表征的认知神经基础

自高尔顿（Galton）在《自然》（*Nature*）期刊上首次从科学的角度明确提出了数字加工与空间编码之间存在着某种特殊的联系以来，越来越多的研究在空间能力和数学能力之间建立了联系，空间任务中表现得好的儿童和成年人也会在数学能力上表现出色（Burnett et al.，1979；Casey et al.，2001；Delgado & Prieto，2004；Geary et al.，2007；Holmes et al.，2008；Lubinski & Benbow，1992；McKenzie et al.，2003；McLean & Hitch，1999；Rasmussen & Bisanz，2005），这种联系可能是由于空间能力与数学能力具有共同的潜在加工过程。在最近十几年的时间里，随着认知神经科学的发展和研究技术的进步，数字认知领域的研究得到了深入发展，空间—数字表征的研究也得到了越来越多的认知神经科学的研究证据。来自不同研究的证据均显示人类先天拥有联合数字与空间的能力（De Hevia & Spelke，2009；Piazza et al.，2004）。脑成像研究证实了，人们在加工空间任务和数字任务时，激活了相同的脑区（Hubbard et al.，2005；Umiltà et al.，2009）。涉及数字表征的大脑区域与涉及区分空间维度，如大小、长度的大脑区域的部分重叠，意味着数字表征和空间表征共用了相同区域的大脑皮层（Piazza et al.，2004），或者说数字认知和空间表征之间可能具有共同的脑机制（Dehaene，2003；Feigenson et al.，2004）。

三、数字空间表征的行为研究证据

同样，行为研究也证实了空间能力和数学能力之间的联系。已有大量行为研究证明数字的心理表征方式是以空间方式进行的。其中最著名的例证即是空间—数字的反应编码联合（the Spatial-Numerical Association of Response Codes）效应，即 SNARC 效应（Dehaene et al., 1993；Hubbard et al., 2005）。德埃维亚和斯波尔克（de Hevia & Spelke, 2010）研究发现婴儿可以将黑点数量的增加与线段长度的增加联合起来，而不是将其与线段长度的缩短联合起来。此外，众多行为研究证据也证实了对抽象数字的加工可以自动地激活空间编码（Dehaene et al., 1993；Dehaene et al., 1990；Hubbard et al., 2005）。数字认知与空间的联合方式会受到人类文化的影响。例如，主流的阅读和书写习惯是自左向右的方向。莫耶和兰道尔使用了简单的大小分类任务对主流阅读和书写文化背景下的被试进行研究，即要求被试对同时呈现的两个数字进行大小判断，并指出相对较大的那个数字（Moyer & Landauer, 1967）。结果发现了数字与空间表征关联的两个基本的效应：距离效应和大小效应。距离效应是指两个同时呈现的数字之间数值差距相差越大，判断并选择较大数字所用的反应时（Reaction Time，简称 RT）越短；大小效应是指当两组分别同时呈现的两个数字之间距离相同时（如 1-2，或 8-9），需要判断和比较的数字组越大，反应时相对越长。数字认知中的距离效应和大小效应研究形成了人类对数字认知的表征方式是基于心理数字线的观点（Restle, 1970）。根据心理数字线隐喻，大脑表征数字的距离方式就像是物理空间上表示距离的方式一样，大小上接近的数字的表征也与物理空间上的重叠方式一样。

第三节　感知—运动空间训练的基础：具身认知和具身数量表征

一、具身认知

对于数字空间表征的存在可以用具身认知的系列理论加以解释。虽然这些理论对具身认知的界定存在争议，但这些理论达成的最基本的共识的解释是：人类的认知建立在感知—运动基础之上，而这个感知—运动又由身体的经验决定（Wilson，2002）。具身认知理论的代表理论之一是奥梅尔（Hommel）等人提出的事件编码理论（Theory of Event Coding，TEC 理论）。TEC 理论对于认知与身体世界的交互作用进行了详细解释（Hommel et al.，2001）。与认知加工的传统理论的观点不同，TEC 理论假设感知和运动相关的事件通过一个通用的特征编码（Feature Codes）网络进行编码、存储和整合。这些特征编码记录了来自感知系统的输入信息，并且根据这些输入信息以及内化的经验调节运动系统的活动。当对一个给定的刺激进行加工时，它首先激活所有刺激相关的特征编码，这些特征编码既包含感知的编码，也包含运动相关的编码。奥梅尔等人举了一个知觉樱桃的例子（Hommel et al.，2001）。这个樱桃激活了表征它属性的特征编码，如红色、圆的、小的。它们接着被整合为一个代表共享介质中所有特点的事件编码（Event Code）樱桃。此时，如果这些特征编码是同一个事件（樱桃）的一部分的话，其中一个特征编码（如红色）的激活可以简化其他特征编码（圆的和小的）的进一步激活。随后，当事件编码（樱桃）被激活后，会简化对其他红色、圆的、小的物体的感知及同样具有这些特征的事件的动作。相反，选择一个将要进行的动作的特征将会易化感知，以及和这个动作有共同特征的其他事件。在这种情况下，当（感知）刺激和（身体的）反应共享的特征越多，任务就越容易解决。

虽然奥梅尔和他的同事没有检验数量大小和运动活动之间的联结，但具身数量的观点被其他研究者证实（Domahs et al., 2010）。例如，费希尔研究发现，手指数数习惯被证实与空间数字加工有紧密的联系（Fischer, 2008）。再如，研究发现，手指直觉的改善对算数成绩有显著的积极影响（Gracia-Bafalluy & Noël, 2008）。因此，当刺激和反应模式共享相同的空间属性时，数字任务的性能似乎可以得到提升（Fischer et al., 2011）。

二、具身数量表征

神经科学的证据表明，运动系统不仅仅监控运动本身，也会对认知表征有影响（Andres et al., 2008）。跨文化、跨年龄的证据显示，数量也曾经是由身体部位（包括手和手指）来表示的（Butterworth, 1999）。只有在种系演化的最近时期，抽象的数量符号，如阿拉伯数字才变得越来越普遍。然而，即使大量使用这些抽象的外部数量表征，也并不能发展出完全抽象的心理数量表征。相反，越来越多的研究认为数量大小的心理表征某种程度上仍保留了具身性，即数量大小的心理表征仍与身体表征（如手指数数）有关。而且，以手指数数为基础的数量发展表征的重要性已被广泛接受。例如，戈尔丁-梅多等人发现，在解决数学问题时，如果允许儿童做手势，可以减少儿童的认知负担

（Goldin-Meadow et al.，2001）。

探究身体经验对数字认知影响最著名也是最常被重复的是关于儿童手指数数的研究（Butterworth，1999；Fuson，2012）。研究发现，大部分儿童在学习数数时，会自发地使用手指来进行数数。这种借助手指进行数数的策略在数学和空间之间产生了持久的联系。越来越多的证据显示儿童将他们的手指数数经验内化为牢固的数字表征，这些牢固的数字表征会影响儿童期以至于到成年期的数学任务成绩（Domahs et al.，2008；Domahs et al.，2010；Fischer，2008；Fischer & Brugger，2011）。基于这些研究证据，多玛斯等人以具身认知理论为基础，提出了具身数量（Embodied Numerosity）表征的观点，认为个体的数字表征不仅仅局限于抽象的大小表征，或者精确的数字词系统，也受身体经验（如手指数数习惯和结构）的影响。

除了这些手指数数与数字认知的显而易见的、外显的联结，其他身体经验对数字认知的影响也得到了证实。例如，施瓦茨和马勒采用数字奇偶判断任务研究了空间—数字联合，实验要求被试使用双脚进行脚踏板反应和使用双手进行按键反应，结果发现，双脚进行脚踏板反应与双手进行按键反应的结果一致，均表现出左侧反应与较小数字联结，右侧反应与较大数字联结，且双脚反应和双手反应中较小数字对应左侧和较大数字对应右侧的空间—数字联合的强度相同（Schwarz & Müller，2006）。

已有研究假设当数字大小被加工时，空间—数字信息即被提取，而且被提取的空间—数字信息会随着当前任务中数字信息的相对大小而改变（van Dijck et al.，2009；Wood et al.，2008）。除了与大小信息有关，空间—数字联合的强度也受外部因素，例如身体经验的影响（Hartmann & Grabherr et al., 2012；Lindemann et al., 2011）。这些证据都验证了具身数量表征的观点（Domahs et al., 2010）。

三、数字认知与身体经验的双向影响

数字不仅仅能激活身体运动，对自己身体运动的知觉也能影响数字加工（Hartmann & Farkas et al., 2012；Hartmann & Grabherr et al., 2012）。这些研究发现，在被动的全身运动中，对身体运动的自动感知影响数字认知。例如，当被试的身体被动地向左或右运动时，要求被试判断数字是大于5还是小于5。结果发现，当被试被动地向左运动时，报告较小数字快；当被试被动地向右运动时，报告较大数字快。研究者认为这是因为当全身运动时，被试的注意力随着心理数字线移动。他们认为，耳石器官对前庭信息的处理可以影响抽象思维，甚至影响对数字内在蕴含的空间刺激的处理。

沙基和费希尔的研究也发现了数字大小和身体运动的双向影响。在实验二中，他们发现了身体运动对数字大小的影响。实验二使用数字机生成任务，要求被试在走路并向左或者向右转的时候报告数字。结果发现，被试被要求向左转比要求向右转，随机生成的数字更小，反之亦然。在实验三中，他们发现，数字大小也会影响身体运动。实验三要求被试在听到系列数字后走路并向左或者向右转，结果发现，实验中听到较小数字系列的被试，更多的是向左转，而实验中听到较大数字系列的被试，更多的是向右转（Shaki & Fischer, 2014）。

第四节　感知—运动空间训练提高儿童数学认知能力的有效性

数字加工能激活身体运动，身体运动也可以系统地影响数字加工，这些影响不仅仅存在于双手反应任务，也存在于整个身体。大量的身体经验可以用来提升数字训练的效率，数字大小的全身运动经验可以作为促进数字的发展而训练（Moeller et al.，2012）。如果说身体经验对数字认知影响之间的相互影响为感知—运动空间训练提供了可能性。那么，通过身体运动来增强数学能力的训练研究则证实了感知—运动空间训练的可行性和有效性（Fischer et al.，2011；Fischer et al.，2016；Link et al.，2013）。已有研究报告了感知—运动空间训练不但可以促进空间—数字的联合，也可以提高数学转换任务的成绩（Fischer et al.，2011；Fischer et al.，2016；Link et al.，2013）。这种训练的基本逻辑是，按照心理数字线的顺序向左（对较小数字）或者向右（对较大数字）移动来对数字任务进行反应，可以增强空间和数字之间的联合（Fischer et al.，2015），从而增强儿童的数学能力。这些感知—运动空间训练方法通过结合表征的空间类型（沿着数字线呈现数字）和反应（全身反应运动），最大化地实现了其对儿童数学能力提升的效果。

一、通过全身运动训练提升儿童的数学认知能力

费希尔等人的研究第一次通过实验的方式展示了感知—运动空间训练方法的有效性。费希尔等人对幼儿园实验组儿童使用全身运动的感知—运动空间训练方法，对幼儿园对照组儿童使用其他训练方法，

结果显示，经过空间方向的数字线估计任务与数数任务训练的实验组儿童成绩得到了提升。为了创设数字和空间的感知—运动经验，费希尔等人使用了一个数字舞蹈垫作为输入装置，儿童站在数字舞蹈垫上，看到要比较的数字时向右或向左移动他们的身体。当比较的数字大于标准参照数字，也就是说在心理数字线上位于标准参照数字右侧时，训练要求儿童向右侧移动；当比较的数字小于标准参照数字，也就是说在心理数字线上位于标准参照数字左侧时，训练要求儿童向左侧移动。他们研究发现，与没有全身反应运动的控制组训练相比，全身训练条件在数字线估计任务和标准化数学成就测验（TEDI-MATH）的 5 个子测验，即计数规则子测验（Counting Principles Subtest）、实物计数子测验（Object Counting Subtest）、阿拉伯数字子测验（Arabic Digits Subtest）、数字词子测验（Number Words Subtest）和计算子测验（Calculation Subtest）中的准确率有更大的提高，表现出更显著的训练效果。

与其他研究中的训练方法不同的是，费希尔等人训练的这种全身反应运动与心理数字线上的空间-数字联合方向一致（Dehaene et al., 1990; Fischer & Brugger, 2011; Fischer et al., 2011），与知觉反应整合理论（the Theories of Perception-Action Integration）观点一致（Fischer & Brugger, 2011; Hommel, 2009; Hommel et al., 2001），费希尔等人认为，全身运动与刺激表征的结合可以增强儿童对数字大小的理解能力。实际上，进行全身运动的感知—运动空间训练组与对照组相比，除了在数字线估计任务和标准化数学成就测验的 5 个子测验中训练效果更好，他们还通过中介分析发现，数数任务表现的提高受儿童数字线估计任务准确性的影响。这就意味着感知—运动空间训练可以提升空间—数字任务，且空间—数字任务的提升有助于提升儿童早期数学能力。因此，费希尔等人认为是具备具身属性的任务保证了训练的效果，也就是说包含了有方向的身体运动和数字线表征的具身属性的任务使得训练效果得以保证。

在随后的研究中，林克等人通过让一年级学生走在贴在地板上的数字线上的位置，以更直接地训练儿童的数字线估计。实验者采用体感游戏（Kinect Sensor）记录了儿童的反应位置，以考察儿童的数字线估计能力。这个训练混合了在地板上呈现数字线和对应心理数字线方向的全身反应。在控制组条件下，儿童用手指在平板电脑上完成相同的任务，并没有进行全身运动。结果发现，与控制组条件相比，全身运动组儿童在数字线估计任务和加法任务中均表现出更多的提升（Link et al., 2013）。

二、通过空间—数字训练提升儿童的数学认知能力

费希尔等人和林克等人的研究强调了空间—数字联合的全身训练的优势（Fischer et al., 2011; Link et al., 2013）。然而，这两个研究存在的共同问题是，训练的效果在一定程度上是由动机效果，例如喜欢游戏造成的（Giannakos, 2013）。因为相比在电脑上完成同样的任务而言，不管是在数字线上走，还是在跳舞垫上跳都是好玩的、有趣的。这种潜在的干扰因素在上述两个研究设计中无法检测。

针对动机等潜在因素的影响问题，费希尔等人使用交互式白板设计了一个实验训练，他们将全身运动与白板相结合进行数字线估计任

务，从而构成感知—运动空间训练条件（Fischer et al., 2015）。为了检查可能的动机效应，他们在先前训练研究（Fischer et al., 2011；Link et al., 2013）的基础上，采用小样本实验（总样本数 N=27），设计了两个控制条件，分别是任务匹配控制条件和媒介匹配控制条件。在任务匹配控制训练中，他们混合了数字线估计任务和在电脑上的手动反应，以此来控制训练效果是否是由空间—数字造成的。相反，在媒介匹配控制训练中，他们将非空间的颜色辨别任务和全身运动反应形式相结合，以此来控制训练效果是否是由数字媒介的动机因素造成的。研究结果发现，3种实验训练条件下，儿童的数字线估计任务都得到了显著提升。其中，空间—数字训练任务的提升效果最好。此外，全身运动也有助于儿童在多位数加法中保持其表现水平。因此，他们认为，全身运动可以提高数字训练的效率，也可以运用到正式的教学游戏并融入实际的课堂教学中。

三、感知—运动空间训练对儿童数学认知能力提升作用的进一步确认

费希尔等人的研究第一次通过实验的方式展示了感知—运动空间训练方法的有效性（Fischer et al., 2011）。这些感知—运动空间训练方法通过结合表征的空间类型（沿着数字线呈现数字）和反应（全身反应运动）来最大化地实现训练过程中的空间—数字加工。这个空间—数字加工保证了训练的成果，但同时也提出了一个问题：究竟是心理数字线表征和全身反应的结合引起了训练效果的提高，还是心理数字线表征和全身反应分别引起了训练效果的提高？针对这一问题，费

希尔等人以四年级学生为被试，要求被试对两个相对大小信息不同的大小比较任务进行反应（Fischer et al., 2016）。在两个任务中，他们通过不同的反应条件改变了身体运动的程度（言语反应、脚踏板反应、跳跃反应）和数字视觉呈现的方式（在数字线上呈现、不在数字线上呈现）。通过系统地改变表征和反应的因素，分别使用空间—数字联合的SNARC效应及相对数字大小效应，考察了究竟是心理数字线表征与全身反应的结合影响了空间—数字联合的强度，还是两者分别影响空间—数字联合的强度。结果发现，心理数字线表征和全身反应可以分别影响训练效果。研究结果还发现，SNARC效应没有受实验条件的影响，但是数字大小效应在全身运动条件下比口头反应条件下空间—数字联合的强度更大。他们认为这是因为SNARC效应与相对数字大小效应的潜在空间表征方式不同。相对数字大小效应可能仅存在数字的空间编码，而SNARC效应可能既存在数字的空间编码，也存在言语编码（Gevers et al., 2010; Imbo et al., 2012; Li et al., 2017）。

近几年，越来越多的研究进一步确认了感知—运动训练对儿童数学能力提升的促进作用。例如，研究发现，基于游戏的数字线训练可以有效地促进11岁儿童对分数的学习（Ninaus et al., 2017）。研究者对95名四年级儿童开展基于游戏的数字线训练，结果发现，实验组儿童对有理数概念的认知显著高于对照组儿童（Kiili et al., 2018），进一步证实了心理数字线训练在儿童有理数概念认知中的促进作用。比尔特等人的研究发现，对农村小学生开展具身空间训练可以有效地提升他们的空间思维能力和问题解决能力（Burte et al., 2017）。盖布尔等人修订了前人研究中（Ramani & Siegler, 2008）的游戏方式，对

64 名 46 个月大的学龄前儿童进行了为期 3 周的全身运动训练，结果发现，实验组儿童较之对照组儿童在数字知识技能方面得到了更多提升（Gable et al., 2021）。

第五节　小结与研究问题的提出

综上所述，已有研究主要集中在探讨空间能力与数学能力的关系，为数字空间表征提供了认知神经和行为研究的证据，探讨了感知—运动空间训练的理论基础，以及感知—运动空间训练对儿童数学能力提升的有效性。感知—运动空间训练作为儿童数学认知能力提升的训练手段，对儿童早期数学学习水平的提升具有重要的教育意义。具体而言，感知—运动空间训练针对的是基础数学认知能力的提升，而对基础数学认知能力的提升可以有效地提升那些因为基础数学认知能力薄弱，且即使通过课堂教学和大量的题海战术练习仍无法提高其数学能力的儿童的数学学习水平。由于儿童早期所代表的年龄范围相对较广，这些研究的对象一般是指从出生到约 12 岁的儿童。不同年龄阶段儿童的数学能力发展特点各有不同，因此，未来研究应在考虑不同年龄阶段儿童数学能力发展特点的前提下，从以下方面开展。

首先，进一步区分不同感知—运动空间训练对不同年龄阶段儿童数学能力的影响。例如，已有研究报告了感知—运动空间训练可以提高数学转换任务的成绩（Fischer et al., 2011；Fischer et al., 2016；Link et al., 2013），全身运动训练可以提高儿童在标准化数学成就测验的 5 个子测验中的准确率。全身运动训练可以提升儿童在加法任务中的积极表现（Link et al., 2013）。这些结果显示，并非所有的感知—运动空间训练都可以对儿童数学能力的所有方面产生影响。因此，今后的研究应进一步澄清究竟哪些感知—运动空间训练可以促进不同年龄阶段儿童数学能力的哪些方面的发展。

其次，探讨感知—运动空间训练对不同年龄阶段儿童数学能力提升的长期效果。在已有研究中，干预效果多来自后测，这不能有效地说明感知—运动空间训练对儿童数学能力产生长期有效的影响。虽然研究没有从追踪研究的角度证明系列感知—运动空间训练对儿童数学能力的影响，以及单次或系列感知—运动空间训练对儿童数学能力影响的长期效果，但已有的综述研究报告了数字加工能激活身体运动，身体运动也可以系统地影响数字加工（Moeller et al., 2012）。这似乎意味着感知—运动空间训练可以存在长期效果。因此，未来的研究可以尝试开展纵向研究，探讨感知—运动空间训练对不同年龄阶段儿童数学能力提升的长期效果。

再次，探讨感知—运动空间训练对不同年龄阶段儿童数学能力提升的作用机制。已有研究认为感知—运动空间训练的基本逻辑是，按照心理数字线的顺序对数字任务进行反应，可以增强空间和数字之间的联合（Fischer et al., 2015），从而增强儿童的数学能力。费希尔等人的全身反应运动训练也与心理数字线上的空间—数字联合方向一致（Fischer et al., 2011）。他们通过中介分析推测了全身训练促进了儿童数字线估计任务的准确性，数字线估计任务的准确性进一步影响了儿童数数任务的表现。但研究没有就感知—运动空间训练对儿童数学能力提升的作用机制问题进行准确揭示。因此，今后的研究可以分别尝试从行为研究和认知神经科学研究的层面对感知—运动空间训练提升不同年龄阶段儿童数学能力的作用机制问题展开研究。

最后，探讨感知—运动空间训练对不同年龄阶段儿童数学能力影响的可塑性特点。费希尔等人对幼儿园儿童使用全身运动的感知—运动空间训练后发现，幼儿园儿童的数数任务表现成绩得到提升（Fischer et al., 2011）。林克等人对一年级学生使用全身运动训练后发现，一年级学生的加法任务表现得到了提升（Link et al., 2013）。从发展的角度，感知—运动空间训练对儿童数学能力的影响在不同年龄阶段有着怎样的可塑性特点，即哪些具体的感知—运动空间训练方法可以促进不同阶段儿童的哪些数学能力的发展，以及感知—运动空间训练对儿童哪个阶段的数学能力的提升作用更佳，将是有待未来进一步研究的问题。

参考文献

[1] 黄大庆，陈英和. 小学二至六年级数学困难儿童数学认知能力的发展 [J]. 数学教育学报，2016，25（2）：5.

[2] 周新林. 教育神经科学视野中的数学教育创新 [M]. 北京：教育科学出版社，2016.

[3] ALLOWAY T P, PASSOLUNGHI M C. The relationship between working memory, IQ, and mathematical skills in children[J]. Learning and Individual Differences, 2011, 21（1）: 133-137.

[4] ANDRES M, OLIVIER E, BADETS A. Actions, words, and numbers: a motor contribution to semantic processing?[J]. Current Directions in Psychological Science, 2008, 17（5）: 313-317.

[5] ASHKENAZI S, ROSENBERG-LEE M, METCALFE A W, et al. Visuo-spatial

working memory is an important source of domain-general vulnerability in the development of arithmetic cognition[J]. Neuropsychologia, 2013, 51（11）: 2305-2317.

[6] AUNIO P, NIEMIVIRTA M. Predicting children's mathematical performance in grade one by early numeracy[J]. Learning and Individual Differences, 2010, 20（5）: 427-435.

[7] BOOTH J L, SIEGLER R S. Numerical magnitude representations influence arithmetic learning[J]. Child Development, 2008, 79（4）: 1016-1031.

[8] BURNETT S A, LANE D M, DRATT L M. Spatial visualization and sex differences in quantitative ability[J]. Intelligence, 1979, 3（4）: 345-354.

[9] BURTE H, GARDONY A L, HUTTON A, et al. Think3d!: Improving mathematics learning through embodied spatial training[J]. Cognitive Research: Principles and Implications, 2017, 2: 1-18.

[10] BUTTERWORTH B. The mathematical brain[M]. Macmillan, 1999.

[11] CASEY M B, NUTALL R L, PEZARIS E. Spatial-mechanical reasoning skills versus mathematics self-confidence as mediators of gender differences on mathematics subtests using cross-national gender-based items[J]. Journal for Research in Mathematics Education, 2001, 32（1）: 28-57.

[12] CHENG Y, MIX K S. Spatial training improves children's mathematics ability[J]. Journal of Cognition and Development, 2014, 15（1）: 2-11.

[13] CLEMENTS D H, SARAMA J. Experimental evaluation of the effects of a research-based preschool mathematics curriculum[J]. American Educational Research Journal, 2008, 45（2）: 443-494.

[14] DE HEVIA M, SPELKE E S. Spontaneous mapping of number and space in adults and young children[J]. Cognition, 2009, 110（2）: 198-207.

[15] DEHAENE S. The neural basis of the Weber–Fechner law: a logarithmic mental number line[J]. Trends in Cognitive Sciences, 2003, 7（4）: 145-147.

[16] DEHAENE S, BOSSINI S, GIRAUX P. The mental representation of parity and

number magnitude[J]. Journal of Experimental Psychology: General, 1993, 122 (3): 371.

[17] DEHAENE S, DUPOUX E, MEHLER J. Is numerical comparison digital? analogical and symbolic effects in two-digit number comparison[J]. Journal of Experimental Psychology: Human Perception and Performance, 1990, 16 (3): 626.

[18] DELGADO A R, PRIETO G. Cognitive mediators and sex-related differences in mathematics[J]. Intelligence, 2004, 32 (1): 25-32.

[19] DOMAHS F, KRINZINGER H, WILLMES K. Mind the gap between both hands: evidence for internal finger-based number representations in children's mental calculation[J]. Cortex, 2008, 44 (4): 359-367.

[20] DOMAHS F, MOELLER K, HUBER S, et al. Embodied numerosity: implicit hand-based representations influence symbolic number processing across cultures[J]. Cognition, 2010, 116 (2): 251-266.

[21] DYSON N I, JORDAN N C, GLUTTING J A. A number sense intervention for low-income kindergartners at risk for mathematics difficulties[J]. Journal of Learning Disabilities, 2013, 46 (2): 166-181.

[22] DYSON N, JORDAN N C, BELIAKOFF A, et al. A kindergarten number-sense intervention with contrasting practice conditions for low-achieving children[J]. Journal for Research in Mathematics Education, 2015, 46 (3): 331-370.

[23] FEIGENSON L, DEHAENE S, SPELKE E. Core systems of number[J]. Trends in Cognitive Sciences, 2004, 8 (7): 307-314.

[24] FISCHER M H. Finger counting habits modulate spatial-numerical associations[J]. Cortex, 2008, 44 (4): 386-392.

[25] FISCHER M H, BRUGGER P. When digits help digits: spatial–numerical associations point to finger counting as prime example of embodied cognition[J]. Frontiers in Psychology, 2011, 2: 260.

[26] FISCHER M H, SHAKI S. Spatial associations in numerical cognition—From

single digits to arithmetic[J]. Quarterly Journal of Experimental Psychology, 2014, 67（8）: 1461-1483.

[27] FISCHER U, MOELLER K, BIENTZLE M, et al. Sensori-motor spatial training of number magnitude representation[J]. Psychonomic Bulletin & Review, 2011, 18: 177-183.

[28] FISCHER U, MOELLER K, CLASS F, et al. Dancing with the SNARC: Measuring spatial-numerical associations on a digital dance mat[J]. Canadian Journal of Experimental Psychology/Revue Canadienne De Psychologie Expérimentale, 2016, 70（4）: 306.

[29] FISCHER U, MOELLER K, HUBER S, et al. Full-body movement in numerical trainings: a pilot study with an interactive whiteboard[J]. International Journal of Serious Games, 2015, 2: 23-35.

[30] FUSON K C. Children's counting and concepts of number[M]. New York: Springer Science & Business Media, 2012.

[31] GABLE S, FOZI A M, MOORE A M. A physically-active approach to early number learning[J]. Early Childhood Education Journal, 2021, 49: 515-526.

[32] GATHERCOLE S E, PICKERING S J. Working memory deficits in children with low achievements in the national curriculum at 7 years of age[J]. British Journal of Educational Psychology, 2000a, 70（2）: 177-194.

[33] GATHERCOLE S E, PICKERING S J. Assessment of working memory in six-and seven-year-old children[J]. Journal of Educational Psychology, 2000b, 92（2）: 377.

[34] GEARY D C. Early foundations for mathematics learning and their relations to learning disabilities[J]. Current Directions in Psychological Science, 2013, 22（1）: 23-27.

[35] GEARY D C, HOARD M K, BYRD CRAVEN J, et al. Cognitive mechanisms underlying achievement deficits in children with mathematical learning disability[J]. Child Development, 2007, 78（4）: 1343-1359.

[36] GEVERS W, SANTENS S, DHOOGE E, et al. Verbal-spatial and visuospatial

coding of number–space interactions[J]. Journal of Experimental Psychology: General, 2010, 139（1）: 180.

[37] GIANNAKOS M N. Enjoy and learn with educational games: examining factors affecting learning performance[J]. Computers & Education, 2013, 68: 429-439.

[38] GÖBEL S M, SHAKI S, FISCHER M H. The cultural number line: a review of cultural and linguistic influences on the development of number processing[J]. Journal of Cross-Cultural Psychology, 2011, 42（4）: 543-565.

[39] GOLDIN-MEADOW S, NUSBAUM H, KELLY S D, et al. Explaining math: gesturing lightens the load[J]. Psychological Science, 2001, 12（6）: 516-522.

[40] GRACIA-BAFALLUY M, NOËL M. Does finger training increase young children's numerical performance?[J]. Cortex, 2008, 44（4）: 368-375.

[41] GUNDERSON E A, RAMIREZ G, BEILOCK S L, et al. The relation between spatial skill and early number knowledge: the role of the linear number line[J]. Developmental Psychology, 2012, 48（5）: 1229.

[42] HARTMANN M, FARKAS R, MAST F W. Self-motion perception influences number processing: evidence from a parity task[J]. Cognitive Processing, 2012, 13: 189-192.

[43] HARTMANN M, GRABHERR L, MAST F W. Moving along the mental number line: interactions between whole-body motion and numerical cognition[J]. Journal of Experimental Psychology: Human Perception and Performance, 2012, 38（6）: 1416.

[44] HAWES Z, MOSS J, CASWELL B, et al. Effects of mental rotation training on children's spatial and mathematics performance: a randomized controlled study[J]. Trends in Neuroscience and Education, 2015, 4（3）: 60-68.

[45] HUBER S, SURY D, MOELLER K, et al. A general number-to-space mapping deficit in developmental dyscalculia[J]. Research in Developmental Disabilities, 2015, 43: 32-42.

[46] IMBO I, DE BRAUWER J, FIAS W, et al. The development of the SNARC effect: evidence for early verbal coding[J]. Journal of Experimental Child

Psychology, 2012, 111（4）: 671-680.

[47] JACOBI-VESSELS J L, TODD BROWN E, MOLFESE V J, et al. Teaching preschoolers to count: effective strategies for achieving early mathematics milestones[J]. Early Childhood Education Journal, 2016, 44: 1-9.

[48] JORDAN N C, GLUTTING J, DYSON N, et al. Building kindergartners' number sense: a randomized controlled study[J]. Journal of Educational Psychology, 2012, 104（3）: 647.

[49] JORDAN N C, GLUTTING J, RAMINENI C. a Number Sense Assessment Tool for Identifying Children at Risk for Mathematical Difficulties[C]//Dowker A: Mathematical difficulties: Psychology and intervention, San Diego: Academic Press, 2008: 45-58.

[50] JORDAN N C, KAPLAN D, NABORS OLÁH L, et al. Number sense growth in kindergarten: a longitudinal investigation of children at risk for mathematics difficulties[J]. Child Development, 2006, 77（1）: 153-175.

[51] JORDAN N C, KAPLAN D, RAMINENI C, et al. Development of number combination skill in the early school years: when do fingers help?[J]. Developmental Science, 2008, 11（5）: 662-668.

[52] JORDAN N C, KAPLAN D, RAMINENI C, et al. Early math matters: kindergarten number competence and later mathematics outcomes[J]. Developmental Psychology, 2009, 45（3）: 850.

[53] KIILI K, MOELLER K, NINAUS M. Evaluating the effectiveness of a game-based rational number training-In-game metrics as learning indicators[J]. Computers & Education, 2018, 120: 13-28.

[54] KLEIN A, STARKEY P, CLEMENTS D, et al. Effects of a pre-kindergarten mathematics intervention: a randomized experiment[J]. Journal of Research On Educational Effectiveness, 2008, 1（3）: 155-178.

[55] KLIBANOFF R S, LEVINE S C, HUTTENLOCHER J, et al. Preschool children's mathematical knowledge: the effect of teacher "math talk" [J]. Developmental Psychology, 2006, 42（1）: 59.

[56] KYTTÄLÄ M, LEHTO J E. Some factors underlying mathematical performance: the role of visuospatial working memory and non-verbal intelligence[J]. European Journal of Psychology of Education, 2008, 23: 77-94.

[57] LACHANCE J A, MAZZOCCO M M. A longitudinal analysis of sex differences in math and spatial skills in primary school age children[J]. Learning and Individual Differences, 2006, 16(3): 195-216.

[58] LASKI E V, CASEY B M, YU Q, et al. Spatial skills as a predictor of first grade girls' use of higher level arithmetic strategies[J]. Learning and Individual Differences, 2013, 23: 123-130.

[59] LEFEVRE J, JIMENEZ LIRA C, SOWINSKI C, et al. Charting the role of the number line in mathematical development[J]. Frontiers in Psychology, 2013, 4: 641.

[60] LEVINE S C, RATLIFF K R, HUTTENLOCHER J, et al. Early puzzle play: a predictor of preschoolers' spatial transformation skill[J]. Developmental Psychology, 2012, 48(2): 530.

[61] LI M, ZHANG E, ZHANG Y, et al. Flexible verbal–spatial mapping in the horizontal and vertical SNARC effects of mainland Chinese readers[J]. The American Journal of Psychology, 2017, 130(3): 339-351.

[62] LINDEMANN O, ALIPOUR A, FISCHER M H. Finger counting habits in middle eastern and western individuals: an online survey[J]. Journal of Cross-Cultural Psychology, 2011, 42(4): 566-578.

[63] LINK T, MOELLER K, HUBER S, et al. Walk the number line–An embodied training of numerical concepts[J]. Trends in Neuroscience and Education, 2013, 2(2): 74-84.

[64] LLOYD J D. Effects of math interventions on elementary students' math skills: a meta-analysis[D]. California: UC Riverside, 2013.

[65] LOCUNIAK M N, JORDAN N C. Using kindergarten number sense to predict calculation fluency in second grade[J]. Journal of Learning Disabilities, 2008, 41(5): 451-459.

[66] LOWRIE T, LOGAN T, RAMFUL A. Visuospatial training improves elementary students' mathematics performance[J]. British Journal of Educational Psychology, 2017, 87（2）: 170-186.

[67] LUBINSKI D, BENBOW C P. Gender differences in abilities and preferences among the gifted: implications for the math-science pipeline[J]. Current Directions in Psychological Science, 1992, 1（2）: 61-66.

[68] MARKEY S M. The relationship between visual-spatial reasoning ability and math and geometry problem-solving[D]. Springfield: American International College, 2009.

[69] MAZZOCCO M M, MYERS G F. Complexities in identifying and defining mathematics learning disability in the primary school-age years[J]. Annals of Dyslexia, 2003, 53: 218-253.

[70] MCCRINK K, WYNN K. Operational momentum in large-number addition and subtraction by 9-month-olds[J]. Journal of Experimental Child Psychology, 2009, 103（4）: 400-408.

[71] MCKENZIE B, BULL R, GRAY C. The effects of phonological and visual-spatial interference on children's arithmetical performance[J]. Educational and Child Psychology, 2003, 20（3）: 93-108.

[72] MCLEAN J F, HITCH G J. Working memory impairments in children with specific arithmetic learning difficulties[J]. Journal of Experimental Child Psychology, 1999, 74（3）: 240-260.

[73] MEYER M L, SALIMPOOR V N, WU S S, et al. Differential contribution of specific working memory components to mathematics achievement in 2nd and 3rd graders[J]. Learning and Individual Differences, 2010, 20（2）: 101-109.

[74] MIX K S, LEVINE S C, CHENG Y, et al. Separate but correlated: the latent structure of space and mathematics across development[J]. Journal of Experimental Psychology: General, 2016, 145（9）: 1206.

[75] MIX K S, CHENG Y. The Relation Between Space and Math: Developmental and Educational Implications[C]//Advances in Child Development and Behavior,

2012, 42: 197-243.

[76] MOELLER K, FISCHER U, LINK T, et al. Learning and development of embodied numerosity[J]. Cognitive Processing, 2012, 13: 271-274.

[77] MOYER R S, LANDAUER T K. Time required for judgements of numerical inequality[J]. Nature, 1967, 215 (5109): 1519-1520.

[78] NINAUS M, KIILI K, MCMULLEN J, et al. Assessing fraction knowledge by a digital game[J]. Computers in Human Behavior, 2017, 70: 197-206.

[79] ÖSTERGREN R, TRÄFF U. Early number knowledge and cognitive ability affect early arithmetic ability[J]. Journal of Experimental Child Psychology, 2013, 115(3): 405-421.

[80] PAPADAKIS S, KALOGIANNAKIS M, ZARANIS N. Improving mathematics teaching in kindergarten with realistic mathematical education[J]. Early Childhood Education Journal, 2017, 45: 369-378.

[81] PATRO K, HAMAN M. The spatial–numerical congruity effect in preschoolers[J]. Journal of Experimental Child Psychology, 2012, 111 (3): 534-542.

[82] PIAZZA M, IZARD V, PINEL P, et al. Tuning curves for approximate numerosity in the human intraparietal sulcus[J]. Neuron, 2004, 44 (3): 547-555.

[83] RAGHUBAR K P, BARNES M A, HECHT S A. Working memory and mathematics: a review of developmental, individual difference, and cognitive approaches[J]. Learning and Individual Differences, 2010, 20 (2): 110-122.

[84] RAMANI G B, SIEGLER R S. Promoting broad and stable improvements in low-income children's numerical knowledge through playing number board games[J]. Child Development, 2008, 79 (2): 375-394.

[85] RASMUSSEN C, BISANZ J. Representation and working memory in early arithmetic[J]. Journal of Experimental Child Psychology, 2005, 91 (2): 137-157.

[86] RESTLE F. Speed of adding and comparing numbers[J]. Journal of Experimental

Psychology, 1970, 83（2p1）: 274.

[87] SCHWARZ W, MÜLLER D. Spatial associations in number-related tasks: a comparison of manual and pedal responses[J]. Experimental Psychology, 2006, 53（1）: 4-15.

[88] SHAKI S, FISCHER M H. Random walks on the mental number line[J]. Experimental Brain Research, 2014, 232: 43-49.

[89] SIEGLER R S, RAMANI G B. Playing linear numerical board games promotes low-income children's numerical development[J]. Developmental Science, 2008, 11（5）: 655-661.

[90] SOOD S, JITENDRA A K. An exploratory study of a number sense program to develop kindergarten students' number proficiency[J]. Journal of Learning Disabilities, 2013, 46（4）: 328-346.

[91] STARKEY P, KLEIN A, WAKELEY A. Enhancing young children's mathematical knowledge through a pre-kindergarten mathematics intervention[J]. Early Childhood Research Quarterly, 2004, 19（1）: 99-120.

[92] UMILTÀ C, PRIFTIS K, ZORZI M. The spatial representation of numbers: evidence from neglect and pseudoneglect[J]. Experimental Brain Research, 2009, 192: 561-569.

[93] VAN DIJCK J, GEVERS W, FIAS W. Numbers are associated with different types of spatial information depending on the task[J]. Cognition, 2009, 113（2）: 248-253.

[94] VERDINE B N, GOLINKOFF R M, HIRSH PASEK K, et al. Deconstructing building blocks: preschoolers' spatial assembly performance relates to early mathematical skills[J]. Child Development, 2014, 85（3）: 1062-1076.

[95] WILSON M. Six views of embodied cognition[J]. Psychonomic Bulletin & Review, 2002, 9: 625-636.

[96] WILSON P H, SZTAJN P, EDGINGTON C, et al. Teachers' use of their mathematical knowledge for teaching in learning a mathematics learning

trajectory[J]. Journal of Mathematics Teacher Education, 2014, 17: 149-175.

[97] WOOD G, WILLMES K, NUERK H, et al. On the cognitive link between space and number: a meta-analysis of the SNARC effect[J]. Psychology Science Quarterly, 2008, 50 (4): 489.

Chapter 4
第四章

数字认知的感知—运动空间观

数字存在于现代社会的每一个角落，与其他物种相比，人类使用数字的能力是无与伦比的。理解支持这种能力的心理和神经表征对认知心理学、神经科学和教育来说至关重要。具身数学认知理论认为，数字的意义不仅仅局限于外在的抽象符号，其深层含义实际上植根于感知—运动经验。我们对数字信息的具体理解由手指、以自我为中心的空间参照系及日常生活中与量值相关的经验塑造。数字认知的感知—运动视角超越了传统理论，认为人们对数字信息的理解和加工是从三个不同的核心数字概念——量值（Magnitude）、序数（Ordinality）和基数（Cardinality）的基础上逐渐发展而来的，数字的意义是通过这些概念在不同的感知—运动基础上产生的。该视角对三种数字概念具身表征的分类分析有助于推进对数字认知机制的理解，可作为未来分类预防和治疗个体数字认知缺陷的重要依据。

第一节　感知—运动视角下的数字信息

一、理解数字信息

理解和加工数字信息是现代社会生活中的一项基本认知能力。有人若是存在计算障碍（Dyscalculia）（Castaldi et al., 2020）或数学焦虑（Math Anxiety）（Sorvo et al., 2022），其引起的计算能力缺陷，会使个体就业机会减少，收入降低，甚至引发抑郁风险（Butterworth, 2010）。因此，了解我们的大脑是如何表征数字信息的，具有重要的教育和临床实践意义。

以往的研究提出了多种不同的数字认知模型来解释人类大脑对数字信息的表征方式（Campbell & Clark, 1988; Dehaene, 1992; Feigenson et al., 2004; Leibovich et al., 2017; McCloskey et al., 1985）。目前，在数字认知领域最全面的模型当属法国学者迪昂在1992年提出的三重编码模型（Triple Code Model，简称TCM）（Dehaene, 1992）。该模型主要关注的是，大脑是如何识别数字知识的不同形式，以及这些形式是如何在神经加工方面实现的（Dehaene, 1992; Dehaene & Cohen, 1995）。在某种程度上，它也解决了一个重要的问题，即数字的符号表征是如何被赋予语义的。三重编码模型包括两种数字符号形式（数字词、阿拉伯数字）和一种非符号数字形式。正是这种非符号表征量值的自动激活提供了数字意义。因此，像大多数其他模型和理论（Feigenson et al., 2004; Leibovich et al., 2017; Walsh, 2003）一样，三重编码模型将数字意义等同于模拟量值的表征。然而，三重编码模型并没有对量值概念与其他语义数字概念，如基数和序数等蕴含不同类型数字意义的概念进行区分（Casasanto & Pitt，2019；Dos Santos，2022）。

具身数字认知领域的最新研究表明，人们对数字信息的理解在很大程度上是由感知—运动经验所塑造的。这些经验不仅包括日常生活中的非数字量值，还包括与以自我为中心的空间及我们的手指相关的感知和动作。从具身认知的角度看，数字意义不仅仅是非符号表征的共同激活，而是基于我们的感知—运动经验。数字意义与我们的感知—运动经验存在紧密的内在联系。

根据具身认知的观点，如果认知深度依赖个体的身体特征，那么认知就是具身的。与传统的语言理解和认知的模块化解释相反，具身认知理论认为概念表征不仅仅是抽象编码网络的结果。相反，该理论认为，文字或抽象符号只有以某种方式映射到身体经验，才变得有意义。这种机制也被称为符号基础化（Symbol Grounding）（Barsalou，2008）。

感知—运动视角中的数字认知中，强调概念的具身认知的观点，这种观点通过强调感觉和运动表征在概念知识获取过程中的因果作用来解释语义表征的本质。身体的进化结构特性、感知—运动的身体经验及情境依赖的限制不仅制约了我们对世界的理解，当学习或检索概念时，它们在信息的编码和加工中也起到了建构性的作用（Barsalou，2008；Fischer & Zwaan，2008）。

认知语言学的研究已经表明，理解动作的口头描述依赖描述的运动行为的内部模拟和这些动作所涉及的感觉和运动编码的重新激活。例如，阅读与面部、手臂或腿部运动相关的动作词（例如舔、捡或踢）时，会伴随着大脑中控制舌头、手指或腿部运动的特定区域的激活（Hauk et al., 2004）。例如，小或大的数字的加工与小或大的物体的视觉搜索和手动抓取小或大的物品时的反应交互作用（Krause et al., 2017; Lindemann et al., 2007）。因此，这些概念（如数字或数学关系等）看起来是抽象的，但感觉和运动编码是这些抽象语义概念表征的固有组成部分。换句话说，具身认知认为任何知识表征在某些时候都基于最初为感知和动作而发展的躯体感觉编码。

数字对我们来说变得有意义的过程比我们最初认为的要复杂得多。因此需要发展一个整合这些新见解的数字认知新视角。与之前的观点不同，西斯图斯等人提出的感知—运动视角强调数字意义是通过多元的感知—运动基础机制而产生的。更具体地说，感知—运动视角提出：①数字信息激活的不仅仅是一个，而是三个不同的语义概念——量值、序数和基数；②并且数字理解和数字熟练度依赖将每个语义概念在不同的感知—运动经验中进行多种方式的基础化（Sixtus et al., 2020, 2023）。

二、数字符号

数字有很多符号：例如数字3，还可以说成数字三。我们会遇到几种不同形式的数字符号。这些形式反映了约定俗成的数字信息表征和交流方式。我们可以识别出三种不同的数字符号形式，即数字词（一、二、三）、阿拉伯数字（1、2、3）和数字手指符号（见图4-1）。这些形式的特性受文化影响，并与不同的认知和神经表征相关联。

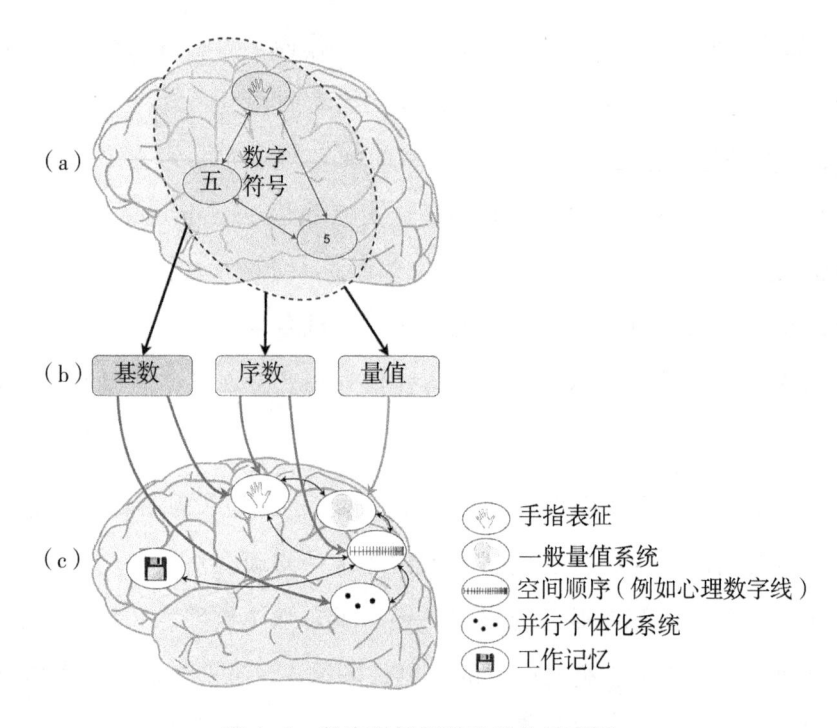

图 4-1　数字理解拟议组件的示意图

（a）语言表征（数字词）、视觉表征（数字符号）和身体表征如手指符号（感知—运动符号）都是数字符号。（b）数字符号激活三个不同的语义概念（黑色粗箭头所指）：基数、序数和量值。（c）这些概念通过与手指表征（Finger Representations）相关的感知—运动活动、一般量值系统（Generalized Magnitude System，简称GMS）、空间顺序（Spatial Ordering，例如心理数字线）和并行个体化系统（Parallel Individuation System）变得有意义。细黑箭头说明依赖关系：心理数字线依赖的记忆中的序数知识也是通过手指计数行为的帮助建立的；一般量值系统是通过动作发展起来的，这些动作在很大程度上也是通过手、手指数数完成的，来自一般量值系统的不同数量［即数字词、数字符号和数字手指符号（感知—运动符号）］是被联合操作的。（图片来源 Sixtus et al., 2020）

（一）数字词的语言表征

人类文化发展出阿拉伯数字和数字词，以书面（例如，3、三、three）和口语（例如，/ san /）的形式交流数字信息。三重编码模型提出了数字的语言认知表征位于与语言相关的大脑区域的左侧网络中（包括额下回、颞上和颞中回，以及角回）（Dehaene, 1992; Dehaene & Cohen, 1995），它用于支持口头计数和检索算术事实（例如，七乘七等于四十九）——这一假设得到了神经影像学、脑刺激和神经心理学激活等研究的支持（Faye et al., 2019）。

（二）数字的视觉表征

除了文字，大多数文化使用某种正式的符号来表示或指代数字信息。数字的最常见的方式有：阿拉伯数字（例如 3）或罗马数字（例如 Ⅲ）。根据三重编码模型，它们的认知表征位于枕颞脑区，这也使得我们能够加工多位数数字（例如 12）和数字的奇偶性（例如，12 是偶数）（Faye et al., 2019）。

（三）感知—运动符号的手指表征

许多文化通过手指展示的数量与所表示的集合数量之间的一对一对应来指代较小的数量。另一些文化使用更复杂的手指组合或形状来指代更大的数字［例如，在中国，可以用单手表示多达 10 的数量（Domahs et al., 2010）］，还有一些文化将其他身体部位分配给特定的数字（Bender & Beller, 2012）。

使用身体部位的文化形态计数行为影响了数字结构和组织的发展（例如，西方文化中的基于 10 的数字系统）及语言数字符号的演变（Dehaene，2011；Overmann，2021）。在一些文化中，数字词明确地指代用来表示该数字的手指和手（Dehaene，2011；Overmann，2021）。然而，手指符号通常没有被如三重编码模型等既定的数字认知模型所认可。最近，一些研究者认为，基于手指的编码结合了视觉、言语和模拟属性，并具有图标、符号、计算和交流属性，构成了独特数字表征，这种表征应该在数字认知的综合模型中被认可（Di Luca & Pesenti，2011；Roesch & Moeller，2015）。数字认知的手指表征被称为手数字认知（Manumerical Cognition），手数字认知的重要性还通过它们与精细运动技能和手指识别（Finger Gnosis）的直接联系得到了强调。这些技能有助于我们从基本数字技能到数量感知和关系等数字知识的连续水平的数字能力的发展（Roesch et al.，2022；Roesch & Moeller，2015）。

手数字认知说明手的表征影响儿童及成人的数字认知；持续使用数字的手指符号建立了手指与数字之间的心理表征的持久联系（Klein et al.，2011；Sixtus et al.，2017；Sixtus et al.，2018，2020；Soylu et al.，2018；Tschentscher et al.，2012），这种联系在神经解剖上也存在（Andres et al.，2012；Roux et al.，2003；Rusconi et al.，2005；Sato et al.，2007）。手指计数塑造了在数字感知期间主要手部运动皮层的神经活动（Sato et al.，2007；Tschentscher et al.，2012）。其他并非直接涉及手指感知—运动控制的大脑区域，如角回调节手指和数字加工（Roux et al.，2003；Rusconi et al.，2005；Soylu & Newman，2016）。

手指为数字技能提供了一个支架：手指识别与数字技能之间的相

关性随着发展而显现。有研究显示，手指识别可以预测年龄较大学生的加法成绩，但不能预测年龄较小学生的加法成绩（Newman，2016），并且在二至三年级学生中，手指识别与算术过程中的神经激活相关，但与算术成绩无关（Di Luca & Pesenti，2008）。

行为研究显示，手指—数字关联源自手指计数习惯：与任务无关的不同数字手指符号影响数字加工（Sixtus et al.，2017；Sixtus et al.，2018，2020）。在一项研究中，阿拉伯数字被分类为大于或小于5，数字手指符号以掩蔽启动形式视觉呈现（Di Luca & Pesenti，2008）。当数字手指符号启动和阿拉伯数字同时小于（或大于）5时，反应时间最短；反之，当数字手指符号启动和阿拉伯数字大于5（与小于5的分类相反）时，反应时间最长。也就是说在对小于5或大于5的阿拉伯数字加工时，启动的数字手指符号与阿拉伯数字分类一致，反应时间最短，说明了手指数字符号的启动易化了被试对阿拉伯数字的表征。改编的实验范式中，使用手动生成的数字手指符号作为启动也揭示了通过数字手指符号的阿拉伯数字表征的共激活现象（Sixtus et al.，2017）。

有两项数字检测研究显示，通过手指计数，单个手指获得数字意义（Sixtus et al.，2018，2020）。当被试依次并重复地用一只手的五个手指按下计算机键盘的按键时，对于符合计数的手指—数字配对，其数字命名时间比其他手指—数字配对更短（被试用大拇指计数1，食指计数2，依此类推，到小指计数5）（Sixtus et al.，2018）。在符合计数的模式下进行触觉手指刺激后也获得了类似的结论（Sixtus et al.，2020）。

对于数字—手指表征的关联，有几种不同但相互一致的观点解释。根据大脑皮层功能定位观点（Dehaene et al.，2005），由于大脑区域的重叠，这些表征之间相关联（Andres et al.，2012；Roux et al.，2003；Rusconi et al.，2005）。根据功能主义观点（Butterworth，1999；Penner-Wilger & Anderson，2013），皮层结构适应了我们通过手指学习数字时的经验。此外，数字能力建立在较早、已存在的神经回路上，这些神经回路支持具有类似要求的认知功能，即支持手指表征的神经回路被回收或重新部署用于数字能力（Dehaene & Cohen，2007；Penner-Wilger & Anderson，2013）。

神经科学研究［例如，经颅磁刺激（Sato et al.，2007）、功能性磁共振成像（fMRI）（Berteletti & Booth，2015；Tschentscher et al.，2012），以及使用功能性近红外光谱进行的基于手指的算术训练（Artemenko et al.，2022）］记录了数字信息在感知—运动皮层的感知—运动表征；在前运动皮层［对视觉阿拉伯语和语言数字符号（如数字词或口语数字）感知（Tschentscher et al.，2012）］、体感和运动手指区域［对算术问题验证（Berteletti & Booth，2015）］发现了特定数字的大脑激活。所有规划和执行手指符号的感知—运动区域都支持数字信息的感知—运动表征（Artemenko et al.，2022）。

第二节　数字的感知—运动表征与训练

一、数字语义概念

数字符号的所有形式都用于指代相同的基本概念。人们可以识别三个语义上不同的数字概念：量值、序数和基数。这三个概念都基于特定的感知—运动表征。

（一）量值

量值，即在感知维度（Prothetic Dimensions）中的连续量。一般情况下，人们可以立即知道 30 个项目集合大于 20 个项目的集合，而不必知道每组项目的确切数量。这种数感（Number Sense）反映了一种称为近似数系统（Approximate Number System，简称 ANS）的基本数字技能（Dehaene，2011）。人类和许多动物从出生时就拥有近似数系统（Agrillo et al.，2012；Brannon，2006；Feigenson et al.，2004；Krajewski，2008）。近些年有研究者证明，通过评估与其数量相关的一组连续数量（如密度、项目数量和总表面积）以近似估计大致数量是可行的（Leibovich et al.，2017）。量值与离散的基数表征相反，是连续量沿感知维度的近似、模拟表征。

（二）序数

序数是对物品在其所在序列中位置的表征。集合中项目的序数意义由其在计数序列中的特定位置决定。例如，项目可以按空间（从左到右、从上到下）、时间（首先，随后）或数量大小（从最小到最大）

排序。连续性在心理上沿着往往由文化决定的空间轴［通常在西方文化中为从左到右（Gevers et al.，2003）］表征。重要的是，序数与量值不同，因为序列中的位置不携带数量信息。例如，心理数字线的空间序列映射研究表明，含有顺序性的信息如 26 个英文字母表中的字母顺序、颜色饱和度等级、音高等同样具有空间序列表征的特性，但是都不含有数量信息。

（三）基数

基数是集合中项目的确切数，也就是说基数是集合中元素的离散数量。人们通过一种称为感数（Subitizing）的机制，可以立即推断小集合（最多 4 项）的基数。对于更大的集合，则依靠计数进行（Feigenson et al.，2004）。量值与基数之间的重要区别是前者是近似表征，而后者是精确的表征。

二、数字语义概念的感知—运动经验基础

根据具身认知的观点，现代心理语言学假设任何语义概念都直接基于较低层次的感知—运动表征（Barsalou，2008；Fischer & Zwaan，2008；Galetzka，2017；Pecher & Zwaan，2005）。语义概念表征不仅仅是抽象编码网络的结果，相反，文字或抽象符号只有以某种方式映射到身体经验时，才变得有意义。

感知—运动视角中的数字认知强调概念的具身认知的观点，这种观点通过强调感觉和运动表征在概念知识获取过程中的因果作用来解释语义表征的本质。身体进化结构的特性、感知—运动的身体经验及情境依赖的限制不仅制约了我们对世界的理解，当学习或检索概念时，

它们在信息的编码和加工中也起到了建构性的作用（Barsalou，2008；Fischer & Zwaan，2008）。因此，可以通过将概念知识与现实中实体的感知—运动经验联系起来，使概念知识变得有意义。

大量的具身数字认知研究表明，数字信息也基于感知—运动经验。通过与自己的手指、以身体为中心的空间参照和日常生活中的其他数量相关的感知和动作经验，我们可以理解数字信息。

如上所述，量值、序数和基数是各自不同的数字语义概念。每一个数字语义概念都以不同方式的感知—运动经验为基础。这三个语义概念至少有四种不同的神经基础机制：①空间有序映射（序数的基础）；②感知—运动的数量（量值的基础）；③并行个体化系统（基数的基础）；④手指表征（基数和序数的基础）。人们对数字信息的理解是这些基础化组合的结果。

（一）序数的感知—运动基础：心理数字线

在数字认知的经典观点——三重编码模型中，数字模拟量值表征的内在工作是通过空间定向的心理数字线的类比来解释的（Dehaene，1992）。人们通常沿此心理数字线按升序表征数字（Dehaene，1992）。SNARC 效应支持了这一经典观点（Dehaene et al.，1993）。当通过大小比较或奇偶性来判断数字时，左侧反应的小数字决策更快，右侧反应的大数字决策更快。除此之外，空间操作也会改变数字认知。例如，头部或身体转动会影响随机数字的生成，当实验任务要求被试头部或身体转向左侧时，被试往往更容易生成相对较小的数字；当实验任务要求被试头部或身体向右转时，被试往往更容易生成相对较大的数字（Loetscher et al.，2008；Shaki & Fischer，2014）。同样地，线性身体运动也会改善数字训练的效果（Dackermann et al.，2016；Fischer et al.，2011）。

与心理数字表征依赖固定心理数字线的想法相反，将数字映射到空间是灵活的，它可能会受到数字量值之外的情境因素的影响（Bächtold et al.，1998；Fischer et al.，2010；van Dijck et al.，2009）。空间—数字关联（参见典型的SNARC效应）取决于被试的文化习俗，例如尺子或时间轴上的数字排列（Göbel et al.，2011）。但是，假设数字量值基于固定的心理数字线是有问题的，因为在我们学会将位置与数字关联之前，空间位置及其关系不会传达数量信息（Casasanto & Pitt，2019；Krause et al.，2014）。这种数字量值基于固定的心理数字线的关联无法使我们理解数字大小。因为，将数字投射到一条线上的空间位置描绘了它们的序数关系，但这并不意味着数字的数量关系。然而，就像不同的数字一样，量值的实物元素也可以在心理上有序排列并映射到线性空间。例如，在被要求对不同重量进行排序时，从轻到重的排序是有意义的，而精确的空间映射则是由文化决定的（Dalmaso & Vicovaro，2019）。

与心理数字线本身不携带数量信息的观点一致，关注序列顺序的最新研究表明，数字和序数位置之间的空间关联是从长期记忆或工作记忆中习得的序列构建的（Abrahamse et al.，2016；Rasoulzadeh et al.，2021；van Dijck et al.，2020；van Dijck & Fias，2011）。非数字刺激（如字母表中的字母和一年中的月份）也存在SNARC类效应（Gevers et al.，2003；Pitt & Casasanto，2020），这再次证明空间关联反映的不是数量而是序数（Casasanto & Pitt，2019）。

因此，具有时间和空间映射的序列的经验可以为序数而非量值提供基础化机制。序数的神经加工得到顶枕叶的活动支持，这些活动代表空间表征（Siemann & Petermann，2018），如小脑上脊（Krause et al.，2014；Viganò et al.，2021），而与更普遍的记忆相关的活动则在前额叶（Chen & Verguts，2010；Funahashi，2017）和内嗅皮层（Bellmund et al.，2018）。

（二）量值的感知—运动基础：感知—运动的数量

数字量值与其他非数字交互作用，如数字大小一致性效应所示（Reike & Schwarz，2017）：在决定两个数字中哪个在物理字体上较大或数字上较大时，我们无法忽视与任务无关的物理字体大小维度，导致较大数字在较大物理字体中显示时产生一致性效应。这表明数字大小的心理表征与空间范围相关。此外，数字加工与手掌的握持孔径（Lindemann et al.，2007）、物体的可抓握性（Ranzini et al.，2022）、反应力度（Krause et al.，2014）、持续时间（Alards-Tomalin et al.，2014）、双眼竞争中的感知强度（Paffen et al.，2011）和视觉亮度（Cohen Kadosh & Henik，2006）交互作用，建立了强制性的多模态（视运动）量值加工。

基于数字加工与空间范围的紧密联系，以及数字与持续时间（Walsh & Pascual-Leone，2003），持续时间与空间范围（Delong，2016）的联系，另一个有影响力的数字认知模型——量值理论（a Theory of Magnitude，简称ATOM）（Walsh，2003）——提出了一个用于加工跨数量、空间和时间的模拟量值共同系统。这个共同系统假设，我们的大脑内部存在共同的度量标准来协调行为并预测感知—

运动结果。研究者们认为，这种一般量值系统从我们一出生时就开始运行。

量值理论特别适用于被史蒂文斯描述为感知维度的那些维度，即可以凭经验判断为"多于"或"少于"的维度（Walsh，2003）。然而，这个观点因为在加工的一般量值系统中包含了类比（Metathetic）心理数字线而受到批评。超越心理数字线表征，会使量值理论成为一个强大且连贯的解释。因为心理数字线仅仅体现的是序数（也可能包含量值）与空间的关联。空间和时间中的其他量值与感知—运动经验的关联同样密切。感知—运动体验在感觉刺激或运动能力的量值上有所不同，大的物体会激活视网膜的较大部分。对大的物体的表征不同于对小的物体的表征（Anobile et al.，2021）。与心理数字线不同，这些感知—运动量值起源于感知维度，并传递量值信息。因此，跳跃1米比跳跃5厘米有"更大"的动作（即需要更多的感知—运动努力），就像抓住一块石头比抓住一根稻草要使用"更多"力量的动作一样。数字的量值本质上是基于或体现在这种广义量值系统中的。与这些感知—运动量值共享表征提供了一种直接的基础化机制，使数字的量值具有意义。

近年来，学者提出了通用神经系统（Common Neural System）假设，这种通用神经系统用于支持服务于动作和感知的近似量感（Approximate Numerosity）（Anobile et al.，2016）。这个假设是基于跨模态适应研究显示的，慢速与快速的手指敲击不仅影响量感估计（Anobile et al.，2016），还影响空间（Petrizzo et al.，2020）及时间估计（Anobile et al.，2020）。这一观察符合一般量值系统假说。除了这种内部自我产生和外部感知的数量的共享加工，更应该强调数字信息的主体意义，这些数字信息是基于外部世界中与数量有关的感知—运动经验（通过动作）而产生的。

综上所述，数字概念基于感知—运动经验。许多研究揭示了数字加工如何与动作计划或执行交互作用（Ranzini et al., 2022）。例如，在主体外在的空间中与不同空间扩展的手动交互作用与心理数字加工的交互作用之间的关联（Lindemann et al., 2007）。在这项研究中，被试用不同的抓握动作对阿拉伯数字的奇偶性做出反应。精确抓取需要抓取小物体，而强力抓取需要抓取大物体。与对数字大小的加工是基于对物理量的经验的假设一致，研究发现，对小数字的精确抓握启动得更快，对大数字的有力抓握启动得更快。此外，还发现，最大握力孔径与数值大小相关。

重要的是，通过数字加工与动作计划或执行的交互作用研究，反映了关于物理数量的供给性方面的作用。这就是说，它与物体实际的感知维度不同，但是要基于物体实际的感知维度的运动或操作进行。这一点与许多SNARC效应的研究不同。因为，SNARC效应的研究仅仅要求在不同的空间位置做出反应，这些位置并不反映感知维度的属性。

量值估计影响动作。手动反应的另一个明显的感知测量是它们的力量。例如，成年人对需要更多力量的按钮反应的大数字反应更快，对需要较小力量的按钮反应的小数字反应更快（Krause et al., 2014）。蹒跚学步的幼儿也自发地对更大的数量使用更多的力量（Krause et al., 2019）。在电脑游戏任务中，两岁半至三岁的儿童通过按动按钮，举起一个平台,来玩电脑游戏,平台上有少量或大量的食物来喂养虚拟的动物。在游戏中,按动按钮需要施加的力量完全没有区别,只要使用了一定的力量即可。然而,幼儿被试对大量食物的反应力度的平均峰值明显高于少量食物。这些结果表明,感知和运动量值之间的自动耦合,并再次证明对数字量值的理解是基于对外部世界中的量值相关的感知—运动经验进行的。

反过来,动作也影响数量估计。当被试在空中慢速或快速地敲击手指几秒钟,并估计随后呈现的闪烁的光或点的数量时,慢速敲击导致高估,快速敲击导致低估,但这一结果只针对靠近敲击手指位置的目标刺激有效(Anobile et al., 2016)。这揭示了个体对内部自我产生的动作数量加工与环境中事件数量加工之间的交互作用。

在神经解剖方面,一般量值系统在后顶叶(Posterior Parietal Lobes)中实现,这些区域与空间、时间和数字加工都有关联(Bueti & Walsh, 2009)。神经影像学研究确定顶内沟(Intraparietal Sulcus,简称IPS)为数字量值加工的位置(Arsalidou et al., 2018; Faye et al., 2019)。高分辨率功能性磁共振成像(Functional Magnetic Resonance Imaging,简称fMRI)在人类顶叶皮层(Parietal Cortex)发现的数字(Harvey et al., 2013)、空间范围(Harvey et al., 2015)和持续时间(Harvey et al., 2020)的重叠拓扑图,这为一般量值系统提供了强有力的支持。

(三)基数的感知—运动基础:并行个体化系统

并行个体化系统(也被称为对象跟踪系统),它识别单个项目并追踪它们。这种识别和追踪不受时间和空间约束(Piazza, 2010)。并行个体化系统最多可以同时登记三到四个项目，从而能够快速准确地理解小集合的基数（Carey，2000），这个过程被称为感数。因此，基数的概念部分基于这个系统，通过个体化和多重性的感知—运动经验在此系统上形成。这些反过来又是通过计数识别更大集合的基数的先决条件（Feigenson et al.，2004）。人们在并行个体化系统的基础上形成基数概念，并通过计数识别更大的集合，就是一个学习过程，它需要集合中的项目数量与数字符号建立一对一对应的联结。

并行个体化系统是与生俱来的，但会受到成熟和个体差异的影响（Piazza，2010）。它依赖"连贯性（物体作为一个整体移动）、连续性（物体沿着连接的、没有障碍的路径移动）和接触性（物体不会在远距离相互作用）的时空原则"（Piazza，2010）；所有这些都是通过与外部世界的感知—运动交互体验到的。在神经解剖上，并行个体化系统位于后顶叶和枕叶皮层（Piazza，2010）。

此外，人们在视觉以外的感觉领域也观察到了目标追踪和个体化。以往的研究显示，当许多物体必须用手感觉时，就有了触觉的感数（Riggs et al.,2006）；当指尖被触觉刺激时，也报告了触觉感数（Cohen et al.，2014）。目前这方面的文献还很少，关于触觉感数的神经基础的研究仍在进行中。

（四）基数和序数的感知—运动基础：手指表征

手指表征在数字认知中有多重角色，并且不仅仅是用来表示数字的象征性符号。至少在手指和数量有一对一对应的文化中，这种符号形式既能够让人们直接感受到基数，也能让人们直接感受到序数。在大多数西方文化中，所代表的数字的基数可以反映在伸出的手指的数量上。此外，手指计数也支持我们对序数的理解：它通常涉及手指使用的固定（规范）顺序，并赋予数字其顺序。研究发现，手指计数行为影响序数信息的空间映射。手指计数习惯塑造了空间—数字联合（Fischer，2008）。这表现为，即使进行短期的从右到左的手指计数训练，也可以减弱典型的从左到右的空间—数字联合（Pitt & Casasanto，2020）。

深入分析手指计数也揭示了一般量值系统的模拟数字特征。通过手指与数字的一对一对应，不仅再现了数量，而且伸展更多的手指占用了更多的空间，即依次进行这一动作需要更多的时间。反过来，手指在与塑造了一般量值系统的外部世界的交互中，也是重要的效应器。在与不同大小和不同重量的物体进行手动交互时，手指扮演着重要的效应器作用。手指表征位于感知—运动皮层。它们在数字认知中具有特殊作用，因为手指表征是唯一能够奠定数字认知的固有概念基础的符号表征。

第三节　数字认知感知—运动视角的教育启示

对数字认知的感知—运动视角比较了具身认知领域的最新发展与数字认知的传统观点。三重编码模型（Dehaene，1992）和量值理论（Walsh，2003）及其一般量值系统，除了将心理数字线认定为在数字认知中具有领导作用的观点有待商榷，这三个系统都具有合理性。因此，数字表征需要一个具身的组成部分，由此产生的对数字认知的感知—运动视角显示了理解数字和数字技能是如何从三个不同的数字核心概念（量值、序数和基数）的感知—运动基础中产生的。

首先，早期数字发展的许多模型假定不同数字概念（量值、序数和基数）的获得是按等级组织的（Fritz et al.，2013；Krajewski，2008；Von Aster & Shalev，2007）。虽然不能否认由于它们的联合使用和间接连接而产生的概念间的交互作用，但数字认知的感知—运动视角强调了它们的独立性。事实上，明确区分量值、序数和基数技能应该有助于改善数学学习困难儿童的诊断、治疗和预防。因为这些数学学习困难儿童通常表现为异质性行为缺陷（Butterworth，2003；Träff et al.，2017）。这三个核心数字概念依赖不同的感知—运动基础机制，由此可以推测，基础化缺陷或相关感知—运动经验的差异应该会导致不同的数学学习困难。理解和评估这种明显的缺陷和差异，反过来应该有助于开发有针对性的、可以加强特定感知—运动经验的训练程序。这种训练程序主要通过强化特定的感知—运动经验，有针对性地训练不同类型数学学习困难的基础化机制（Grounding Mechanisms）。例如，对确定序数有困难的儿童，训练他们的心理数字线表征不会有太大帮助，应该通过针对他们的并行个体化系统和计数技能的干预来帮助他们。因为改善心理数字线表征的干预会促进他们对序数概念的理解，而不能增强他们对基数的理解（Dackermann et al.，2016；Fischer et al.，2011）。甚至，这一方法可以通过将此类训练纳入教育项目，或开发正规的训练游戏。例如，儿童可以通过多模态输入，主动将数字概念与多种身体经验积极联系起来，进行预防性训练（参见 Donders wonders on Brain and Science 网站）。

其次，数学学习困难有不同的原因。数字认知的感知—运动视角为数学学习困难存在不同的内在原因提供了一个新的解释，因为数字能力与不同基础化机制之间存在微小但显著的联系。这种联系已经在数字能力与心理数字线（Dackermann et al., 2016；Fischer et al., 2011；Schneider et al., 2018）、一般量值系统（Starr et al., 2018）、并行个体化系统（Hyde et al., 2017）及感知—运动技能（Asakawa et al., 2019；Jay & Betenson, 2017a；Wasner et al., 2016；Zhang et al., 2020）之间联系的综述研究中被证实（Barrocas et al., 2020）。其中，虽然大部分研究报告进行的是相关研究，但几项来自干预实验的研究也提供了更直接的证据。这些干预实验研究报告了特定的基于感知—运动的训练导致的特定数字能力的改变。在此之中，特别是关于心理数字线和感知—运动技能的干预研究证实了特定数字能力的提升（Asakawa et al., 2019；Dackermann et al., 2016；Fischer et al., 2011；Jay & Betenson, 2017a）。例如，心理数字线的具身训练改善了被试的基本算术技能（Dackermann et al., 2016）。此外，在相关研究的证据中，一项元分析研究显示，数字线估计任务与广泛的数学能力测量稳定相关（Schneider et al., 2018）。

到目前为止，关于一般量值系统与数字能力的关系研究更多的是间接的。例如，作为一般量值系统的一部分，近似数系统与学前儿童的符号数学成绩相关（Starr et al., 2018）。数字认知的感知运动视角预测，一般量值系统的所有数量应该与数字能力相关，但由于数字认知多种基础化的提出，每种直接效果对数字技能的影响应该是有限的。

关于并行个体化系统的研究显示，在控制不同的执行功能和语言能力后，并行个体化系统的神经信号与学前儿童计数熟练度之间存在显著的相关性（Hyde et al., 2017）。

感知—运动技能，特别是手指识别是一年级学生算术技能的一个重要预测因素。即使在控制了一般认知能力和数字学习基础后，感知—运动技能（手指识别）仍然是一年级学生算术技能的一个重要预测因素（Wasner et al., 2016）。此外，干预研究证明了两者之间的因果关系。对年幼儿童进行的短期和长期手指训练使得他们的算术成绩得到显著的提升（Asakawa et al., 2019；Jay & Betenson, 2017b），这是因为，手指是儿童在其他（口头的、符号的和非符号的）数字表征之间建立联系的一种方式，对儿童手指识别的短期和长期训练都有助于儿童对数字信息理解的发展（Jay & Betenson, 2017b）。因此，可以说数字知识部分基于手指表征。

最后，区分对数量、序数和基数的不同表征预测，虽然某个特异性的病变（例如，顶上小叶或楔前叶病变）会破坏心理数字线表征，会损害人们的序数表征，但对基数表征和数量表征的影响要么不存在，要么影响较小。同样，在后顶叶内的特异性病变，损伤了一般量值系统，会损害数量表征，但不会损害序数表征和基数表征（Goffin et al., 2020；Kadosh et al., 2007）。因为，并行个体化系统对数字符号中编码的数量信息敏感，但对序数信息总体不敏感。更广泛地说，认可数字概念的不同表征还可以分析以往研究中，在加工相似任务中的不同数字形式时缺乏相关神经活动模式的原因（Bulthé et al., 2014；Bulthé et al., 2015）。例如，一项研究要求被试指出呈现的阿拉伯数字和点阵是小于还是大于 3（Bulthé et al., 2015），这能够区分数字知识是基于量值、序数和基数三个语义概念，而不是被认为只是激活了数量知识这一点，就可以说明实验结果带来的不同的神经活动模式的原因。因为，基于数字认知的感知—运动视角假设，比较点阵这样的任务需要基数表征，而比较阿拉伯数字最容易通过借助数字符号的序数表征来解决。

总之，数字认知的感知—运动视角有望统一现有的认知研究中与数字认知领域有关的知识和观点。由此引发的进一步讨论和必要的研究，有助于推进人们对数字能力背后复杂认知机制的理解。特别是整合来自具身认知的新观点、新见解将是未来改善教育并预防和治疗个体数字认知缺陷，从而改善他们的数学学习，进而有可能改善他们的生活质量的重要因素。

参考文献

[1] ABRAHAME E, VAN DIJCK J, FIAS W. How does working memory enable number-induced spatial biases?[J]. Frontiers in Psychology, 2016, 7: 194594.

[2] AGRILLO C, PIFFER L, BISAZZA A, et al. Evidence for two numerical systems that are similar in humans and guppies[J]. Plos One, 2012, 7 (2): e31923.

[3] ALARDS-TOMALIN D, LEBOE-MCGOWAN J P, SHAW J D, et al. The effects of numerical magnitude, size, and color saturation on perceived interval duration[J]. Journal of Experimental Psychology: Learning, Memory, and Cognition, 2014, 40 (2): 555.

[4] ANDRES M, MICHAUX N, PESENTI M. Common substrate for mental arithmetic and finger representation in the parietal cortex[J]. Neuroimage, 2012, 62 (3): 1520-1528.

[5] ANOBILE G, ARRIGHI R, CASTALDI E, et al. A sensorimotor numerosity

system[J]. Trends in Cognitive Sciences, 2021, 25 (1): 24-36.

[6] ANOBILE G, ARRIGHI R, TOGOLI I, et al. A shared numerical representation for action and perception[J]. Elife, 2016, 5: e16161.

[7] ANOBILE G, DOMENICI N, TOGOLI I, et al. Distortions of visual time induced by motor adaptation[J]. Journal of Experimental Psychology: General, 2020, 149 (7): 1333.

[8] ARSALIDOU M, PAWLIW-LEVAC M, SADEGHI M, et al. Brain areas associated with numbers and calculations in children: meta-analyses of fMRI studies[J]. Developmental Cognitive Neuroscience, 2018, 30: 239-250.

[9] ARTEMENKO C, WORTHA S M, DRESLER T, et al. Finger-based numerical training increases sensorimotor activation for arithmetic in children—an fNIRS study[J]. Brain Sciences, 2022, 12 (5): 637.

[10] ASAKAWA A, MURAKAMI T, SUGIMURA S. Effect of fine motor skills training on arithmetical ability in children[J]. European Journal of Developmental Psychology, 2019, 16 (3): 290-301.

[11] BÄCHTOLD D, BAUMÜLLER M, BRUGGER P. Stimulus-response compatibility in representational space[J]. Neuropsychologia, 1998, 36 (8): 731-735.

[12] BARROCAS R, ROESCH S, GAWRILOW C, et al. Putting a finger on numerical development–reviewing the contributions of kindergarten finger gnosis and fine motor skills to numerical abilities[J]. Frontiers in Psychology, 2020, 11: 509086.

[13] BARSALOU L W. Grounded cognition[J]. Annual Review of Psychology, 2008, 59: 617-645.

[14] BELLMUND J L, GÄRDENFORS P, MOSER E I, et al. Navigating cognition: spatial codes for human thinking[J]. Science, 2018, 362 (6415): eaat6766.

[15] BENDER A, BELLER S. Nature and culture of finger counting: diversity and representational effects of an embodied cognitive tool[J]. Cognition, 2012, 124 (2): 156-182.

[16] BERTELETTI I, BOOTH J R. Perceiving fingers in single-digit arithmetic problems[J]. Frontiers in Psychology, 2015, 6: 113282.

[17] BRANNON E M. The representation of numerical magnitude[J]. Current Opinion in Neurobiology, 2006, 16(2): 222-229.

[18] BUETI D, WALSH V. The parietal cortex and the representation of time, space, number and other magnitudes[J]. Philosophical Transactions of the Royal Society B: Biological Sciences, 2009, 364(1525): 1831-1840.

[19] BULTHÉ J, DE SMEDT B, DE BEECK H O. Format-dependent representations of symbolic and non-symbolic numbers in the human cortex as revealed by multi-voxel pattern analyses[J]. Neuroimage, 2014, 87: 311-322.

[20] BULTHÉ J, DE SMEDT B, OP DE BEECK H P. Visual number beats abstract numerical magnitude: format-dependent representation of Arabic digits and dot patterns in human parietal cortex[J]. Journal of Cognitive Neuroscience, 2015, 27(7): 1376-1387.

[21] BUTTERWORTH B. What counts: how every brain is hardwired for math[M]. New York: The Free Press, 1999.

[22] BUTTERWORTH B. Dyscalculia screener[M]. London: nferNelson, 2003.

[23] BUTTERWORTH B. Foundational numerical capacities and the origins of dyscalculia[J]. Trends in Cognitive Sciences, 2010, 14(12): 534-541.

[24] CAMPBELL J I, CLARK J M. An encoding-complex view of cognitive number processing: comment on McCloskey, Sokol, and Goodman[J]. Journal of Experimental Psychology: General, 1988, 117: 204-214.

[25] CAREY S. The origin of concepts[J]. Journal of Cognition and Development, 2000, 1(1): 37-41.

[26] CASASANTO D, PITT B. The faulty magnitude detector: Why SNARC - like tasks cannot support a generalized magnitude system[J]. Cognitive Science, 2019, 43(10): e12794.

[27] CASTALDI E, PIAZZA M, IUCULANO T. Learning disabilities: developmental dyscalculia[J]. Handbook of Clinical Neurology. Elsevier, 2020: 61-75.

[28] CHEN Q, VERGUTS T. Beyond the mental number line: a neural network model of number-space interactions[J]. Cognitive Psychology, 2010, 60（3）: 218-240.

[29] COHEN KADOSH R, HENIK A. A common representation for semantic and physical properties: a cognitive-anatomical approach[J]. Experimental Psychology, 2006, 53（2）: 87-94.

[30] COHEN Z Z, NAPARSTEK S, HENIK A. Tactile enumeration of small quantities using one hand[J]. Acta Psychologica, 2014, 150: 26-34.

[31] DACKERMANN T, FISCHER U, CRESS U, et al. Bewegtes lernen numerischer kompetenzen[J]. Psychologische Rundschau, 2016.

[32] DALMASO M, VICOVARO M. Evidence of SQUARC and distance effects in a weight comparison task[J]. Cognitive Processing, 2019, 20（2）: 163-173.

[33] DEHAENE S. Varieties of numerical abilities[J]. Cognition, 1992, 44（1-2）: 1-42.

[34] DEHAENE S. The number sense: how the mind creates mathematics[M]. OUP USA, 2011.

[35] DEHAENE S, BOSSINI S, GIRAUX P. The mental representation of parity and number magnitude[J]. Journal of Experimental Psychology: General, 1993, 122（3）: 371.

[36] DEHAENE S, PIAZZA M, PINEL P, et al. Three parietal circuits for number processing[J]. The handbook of mathematical cognition. Psychology Press, 2005: 433-453.

[37] DEHAENE S, COHEN L. Towards an anatomical and functional model of number processing[J]. Mathematical Cognition, 1995, 1（1）: 83-120.

[38] DEHAENE S, COHEN L. Cultural recycling of cortical maps[J]. Neuron, 2007, 56（2）: 384-398.

[39] DELONG A. Phenomenological space-time: towards an experiential relativity 1[J]. Directions in Person-Environment Research and Practice（Routledge Revivals）. Routledge, 2016: 29-41.

[40] DI LUCA S, PESENTI M. Masked priming effect with canonical finger numeral configurations[J]. Experimental Brain Research, 2008, 185: 27-39.

[41] DI LUCA S, PESENTI M. Finger numeral representations: more than just another symbolic code[J]. Frontiers in Psychology, 2011, 2: 272.

[42] DOMAHS F, MOELLER K, HUBER S, et al. Embodied numerosity: implicit hand-based representations influence symbolic number processing across cultures[J]. Cognition, 2010, 116 (2): 251-266.

[43] DOS SANTOS C F. Re-establishing the distinction between numerosity, numerousness, and number in numerical cognition[J]. Philosophical Psychology, 2022, 35 (8): 1152-1180.

[44] FAYE A, JACQUIN-COURTOIS S, REYNAUD E, et al. Numerical cognition: a meta-analysis of neuroimaging, transcranial magnetic stimulation and brain-damaged patients studies[J]. Neuroimage: Clinical, 2019, 24: 102053.

[45] FEIGENSON L, DEHAENE S, SPELKE E. Core systems of number[J]. Trends in Cognitive Sciences, 2004, 8 (7): 307-314.

[46] FISCHER M H. Finger counting habits modulate spatial-numerical associations[J]. Cortex, 2008, 44 (4): 386-392.

[47] FISCHER M H, MILLS R A, SHAKI S. How to cook a SNARC: number placement in text rapidly changes spatial–numerical associations[J]. Brain and Cognition, 2010, 72 (3): 333-336.

[48] FISCHER M H, ZWAAN R A. Embodied language: a review of the role of the motor system in language comprehension[J]. Quarterly Journal of Experimental Psychology, 2008, 61 (6): 825-850.

[49] FISCHER U, MOELLER K, BIENTZLE M, et al. Sensori-motor spatial training of number magnitude representation[J]. Psychonomic Bulletin & Review, 2011, 18: 177-183.

[50] FRITZ A, EHLERT A, BALZER L. Development of mathematical concepts as basis for an elaborated mathematical understanding[J]. South African Journal of Childhood Education, 2013, 3 (1): 38-67.

[51] FUNAHASHI S. Working memory in the prefrontal cortex[J]. Brain Sciences, 2017, 7（5）: 49.

[52] GALETZKA C. The story so far: How embodied cognition advances our understanding of meaning-making[J]. Frontiers in Psychology, 2017, 8: 278864.

[53] GEVERS W, REYNOVET B, FIAS W. The mental representation of ordinal sequences is spatially organized[J]. Cognition, 2003, 87（3）: B87-B95.

[54] GÖBEL S M, SHAKI S, FISCHER M H. The cultural number line: A review of cultural and linguistic influences on the development of number processing[J]. Journal of Cross-Cultural Psychology, 2011, 42（4）: 543-565.

[55] GOFFIN C, VOGEL S E, SLIPENKYJ M, et al. A comes before B, like 1 comes before 2. Is the parietal cortex sensitive to ordinal relationships in both numbers and letters? an fMRI - adaptation study[J]. Human Brain Mapping, 2020, 41（6）: 1591-1610.

[56] HARVEY B M, DUMOULIN S O, FRACASSO A, et al. A network of topographic maps in human association cortex hierarchically transforms visual timing-selective responses[J]. Current Biology, 2020, 30（8）: 1424-1434.

[57] HARVEY B M, FRACASSO A, PETRIDOU N, et al. Topographic representations of object size and relationships with numerosity reveal generalized quantity processing in human parietal cortex[J]. Proceedings of the National Academy of Sciences, 2015, 112（44）: 13525-13530.

[58] HARVEY B M, KLEIN B P, PETRIDOU N, et al. Topographic representation of numerosity in the human parietal cortex[J]. Science, 2013, 341（6150）: 1123-1126.

[59] HAUK O, JOHNSRUDE I, PULVERMÜLLER F. Somatotopic representation of action words in human motor and premotor cortex[J]. Neuron, 2004, 41（2）: 301-307.

[60] HYDE D C, SIMON C E, BERTELETTI I, et al. The relationship between non-verbal systems of number and counting development: a neural signatures approach[J]. Developmental Science, 2017, 20（6）: e12464.

[61] JAY T, BETENSON J. Mathematics at your fingertips: testing a finger training intervention to improve quantitative skills[J]. Frontiers in Education, 2017, 2: 1-9.

[62] KADOSH R C, KADOSH K C, SCHUHMANN T, et al. Virtual dyscalculia induced by parietal-lobe TMS impairs automatic magnitude processing[J]. Current Biology, 2007, 17(8): 689-693.

[63] KLEIN E, MOELLER K, WILLMES K, et al. The influence of implicit hand-based representations on mental arithmetic[J]. Frontiers in Psychology, 2011, 2: 12471.

[64] KRAJEWSKI K. Vorschulische Förderung mathematischer Kompetenzen[M]. Hogrefe Göttingen: Angewandte Entwicklungspsychologie, 2008.

[65] KRAUSE F, BEKKERING H, PRATT J, et al. Interaction between numbers and size during visual search[J]. Psychological Research, 2017, 81: 664-677.

[66] KRAUSE F, LINDEMANN O, TONI I, et al. Different brains process numbers differently: structural bases of individual differences in spatial and nonspatial number representations[J]. Journal of Cognitive Neuroscience, 2014, 26(4): 768-776.

[67] KRAUSE F, MEYER M, BEKKERING H, et al. Interaction between perceptual and motor magnitudes in early childhood[J]. Cognitive Development, 2019, 49: 11-19.

[68] LEIBOVICH T, KATZIN N, HAREL M, et al. From "sense of number" to "sense of magnitude": the role of continuous magnitudes in numerical cognition[J]. Behavioral and Brain Sciences, 2017, 40: e164.

[69] LINDEMANN O, ABOLAFIA J M, GIRARDI G, et al. Getting a grip on numbers: numerical magnitude priming in object grasping[J]. Journal of Experimental Psychology: Human Perception and Performance, 2007, 33(6): 1400.

[70] LOETSCHER T, SCHWARZ U, SCHUBIGER M, et al. Head turns bias the brain's internal random generator[J]. Current Biology, 2008, 18(2): R60-R62.

[71] MCCLOSKEY M, CARAMAZZA A, BASILI A. Cognitive mechanisms in number processing and calculation: evidence from dyscalculia[J]. Brain and Cognition, 1985, 4（2）: 171-196.

[72] NEWMAN S D. Does finger sense predict addition performance?[J]. Cognitive Processing, 2016, 17: 139-146.

[73] OVERMANN K A. Finger-counting and numerical structure[J]. Frontiers in Psychology, 2021, 12: 723492.

[74] PAFFEN C L, PLUKAARD S, KANAI R. Symbolic magnitude modulates perceptual strength in binocular rivalry[J]. Cognition, 2011, 119（3）: 468-475.

[75] PECHER D, ZWAAN R A. Grounding cognition: The role of perception and action in memory, language, and thinking[M]. Cambridge: Cambridge University Press, 2005.

[76] PENNER-WILGER M, ANDERSON M L. The relation between finger gnosis and mathematical ability: why redeployment of neural circuits best explains the finding[J]. Frontiers in Psychology, 2013, 4: 64940.

[77] PETRIZZO I, ANOBILE G, ARRIGHI R. Motor adaptation distorts visual space[J]. Vision Research, 2020, 171: 31-35.

[78] PIAZZA M. Neurocognitive start-up tools for symbolic number representations[J]. Trends in Cognitive Sciences, 2010, 14（12）: 542-551.

[79] PITT B, CASASANTO D. The correlations in experience principle: how culture shapes concepts of time and number[J]. Journal of Experimental Psychology: General, 2020, 149（6）: 1048.

[80] RANZINI M, SCARPAZZA C, RADUA J, et al. A common neural substrate for number comparison, hand reaching and grasping: A SDM-PSI meta-analysis of neuroimaging studies[J]. Cortex, 2022, 148: 31-67.

[81] RASOULZADEH V, SAHAN M I, VAN DIJCK J, et al. Spatial attention in serial order working memory: an EEG study[J]. Cerebral Cortex, 2021, 31（5）: 2482-2493.

[82] REIKE D, SCHWARZ W. Exploring the origin of the number-size congruency

effect: sensitivity or response bias?[J]. Attention, Perception, & Psychophysics, 2017, 79: 383-388.

[83] RIGGS K J, FERRAND L, LANCELIN D, et al. Subitizing in tactile perception[J]. Psychological Science, 2006, 17(4): 271-272.

[84] ROESCH S, BAHNMUELLER J, BARROCAS R, et al. Feinmotorik, fingergnosie und frühe mathematische fähigkeiten[J]. Lernen Und Lernstörungen, 2022.

[85] ROESCH S, MOELLER K. Considering digits in a current model of numerical development[J]. Frontiers in Human Neuroscience, 2015, 8: 1062.

[86] ROUX F, BOETTO S, SACKO O, et al. Writing, calculating, and finger recognition in the region of the angular gyrus: a cortical stimulation study of Gerstmann syndrome[J]. Journal of Neurosurgery, 2003, 99(4): 716-727.

[87] RUSCONI E, WALSH V, BUTTERWORTH B. Dexterity with numbers: rTMS over left angular gyrus disrupts finger gnosis and number processing[J]. Neuropsychologia, 2005, 43(11): 1609-1624.

[88] SATO M, CATTANEO L, RIZZOLATTI G, et al. Numbers within our hands: modulation of corticospinal excitability of hand muscles during numerical judgment[J]. Journal of Cognitive Neuroscience, 2007, 19(4): 684-693.

[89] SCHNEIDER M, MERZ S, STRICKER J, et al. Associations of number line estimation with mathematical competence: a meta-analysis[J]. Child Development, 2018, 89(5): 1467-1484.

[90] SHAKI S, FISCHER M H. Random walks on the mental number line[J]. Experimental Brain Research, 2014, 232: 43-49.

[91] SIEMANN J, PETERMANN F. Evaluation of the triple code model of numerical processing—reviewing past neuroimaging and clinical findings[J]. Research in Developmental Disabilities, 2018, 72: 106-117.

[92] SIXTUS E, FISCHER M H, LINDEMANN O. Finger posing primes number comprehension[J]. Cognitive Processing, 2017, 18: 237-248.

[93] SIXTUS E, LINDEMANN O, FISCHER M H. Incidental counting: speeded

number naming through finger movements[J]. Journal of Cognition, 2018, 1(1).

[94] SIXTUS E, LINDEMANN O, FISCHER M H. Stimulating numbers: signatures of finger counting in numerosity processing[J]. Psychological Research, 2020, 84(1): 152-167.

[95] SORVO R, KIURU N, KOPONEN T, et al. Longitudinal and situational associations between math anxiety and performance among early adolescents[J]. Annals of the New York Academy of Sciences, 2022, 1514(1): 174-186.

[96] SOYLU F, LESTER JR F K, NEWMAN S D. You can count on your fingers: the role of fingers in early mathematical development[J]. Journal of Numerical Cognition, 2018, 4(1): 107-135.

[97] SOYLU F, NEWMAN S D. Anatomically ordered tapping interferes more with one-digit addition than two-digit addition: a dual-task fMRI study[J]. Cognitive Processing, 2016, 17(1): 67-77.

[98] STARR A, TOMLINSON R C, BRANNON E M. The acuity and manipulability of the ANS have separable influences on preschoolers' symbolic math achievement[J]. Frontiers in Psychology, 2018, 9: 397502.

[99] TRÄFF U, OLSSON L, ÖSTERGREN R, SKAGERLUND K. Heterogeneity of developmental dyscalculia: cases with different deficit profiles[J]. Frontiers in Psychology, 2017, 7: 2000.

[100] TSCHENTSCHER N, HAUK O, FISCHER M H, et al. You can count on the motor cortex: finger counting habits modulate motor cortex activation evoked by numbers[J]. Neuroimage, 2012, 59(4): 3139-3148.

[101] VAN DIJCK J P, ABRAHAME E, FIAS W. Do preliterate children spontaneously employ spatial coding for serial order in working memory?[J]. Annals of the New York Academy of Sciences, 2020, 1477(1): 91-99.

[102] VAN DIJCK J, GEVERS W, FIAS W. Numbers are associated with different types of spatial information depending on the task[J]. Cognition, 2009, 113(2): 248-253.

[103] VAN DIJCK J, FIAS W. A working memory account for spatial–numerical

associations[J]. Cognition, 2011, 119（1）: 114-119.

[104] VIGANÒ S, RUBINO V, BUIATTI M, et al. The neural representation of absolute direction during mental navigation in conceptual spaces[J]. Communications Biology, 2021, 4（1）: 1294.

[105] VON ASTER M G, SHALEV R S. Number development and developmental dyscalculia[J]. Developmental Medicine & Child Neurology, 2007, 49（11）: 868-873.

[106] WALSH V. A theory of magnitude: common cortical metrics of time, space and quantity[J]. Trends in Cognitive Sciences, 2003, 7（11）: 483-488.

[107] WALSH V, PASCUAL-LEONE A. Transcranial magnetic stimulation: a neurochronometrics of mind[M]. Massachusetts: MIT press, 2003.

[108] WASNER M, NUERK H, MARTIGNON L, et al. Finger gnosis predicts a unique but small part of variance in initial arithmetic performance[J]. Journal of Experimental Child Psychology, 2016, 146: 1-16.

[109] ZHANG L, WANG W, ZHANG X. Effect of finger gnosis on young Chinese children's addition skills[J]. Frontiers in Psychology, 2020, 11: 544543.

Chapter 5
第五章

感知—运动空间训练方案设计

以第四章介绍的数字认知的感知—运动视角为训练方案设计的理论基础，结合我国小学数学教育的实际情况，经分析文献、与专家和一线教师评定，最终将儿童数学认知能力界定为数量估计、空间想象、推理和应用等能力。由于小学一年级儿童尚不能完成推理能力和应用能力测试，故而将研究对象初定为小学二年级至六年级儿童。感知—运动空间训练方案将是针对小学二年级至六年级的设计。

第一节　数字的感知—运动基础与儿童的数学认知能力

根据数字认知的感知—运动观点，序数的感知—运动基础是以心理数字线为代表的数字—空间表征，它可以经后天的训练习得。量值的感知—运动体现在以一般量值系统为基础的感知—运动的量值。与心理数字线不同，这些感知—运动量值起源于感知维度，并传递量值信息。数字的量值信息是基于与外部世界中数量有关的感知—运动经验（通过动作）而产生的。基数的感知—运动基础是并行个体化系统（又称为对象跟踪系统），它识别单个项目并追踪它们。这种识别和追踪不受时间和空间约束，它以感数为基础，通过个体化和多重性的感知—运动经验在此系统上形成。并行个体化系统是与生俱来的，但会受到自身发展和个体差异的影响。它依赖外部世界的感知—运动交互体验到的连贯性、连续性和接触性的时空原则。基数和序数共有的感知运动基础是手指表征。手指表征位于感知—运动皮层，它在数字认知中具有特殊作用，是唯一能够同时奠定数字认知的基数和序数概念基础的符号表征。

如前所述，在基础教育领域，儿童数学能力发展的促进方式可以概括为两类：一类是基于课程设计的促进方式；另一类是基于数学认知能力的促进方式（周新林，2016）。基于课程设计的促进方式是根据教育学、心理学及学科课程设计的原则，设计一系列课程教学内容，并通过课程教学活动来促进儿童数学能力的增强（Dyson et al., 2013）。基于课程设计的促进方式提升的是儿童对某个或某类知识的掌握，不能真正有效地帮助因为基础数学认知能力薄弱，且即使通过课堂教学和大量的练习仍无法提高其数学能力的那部分儿童。

基于数学认知能力的促进方式是通过对数学认知的核心能力，数字及计算的基础——数字认知能力的训练来促进儿童数学能力发展的。根据数字认知的感知—运动理论中三种数字核心概念与个体的感知—运动经验之间的关系（见图5-1），结合我国小学数学教育的实际情况，初步确定针对性的感知—运动空间训练（所有的训练方案都是建立在空间经验基础上的，因此被称为感知—运动空间训练）方案。

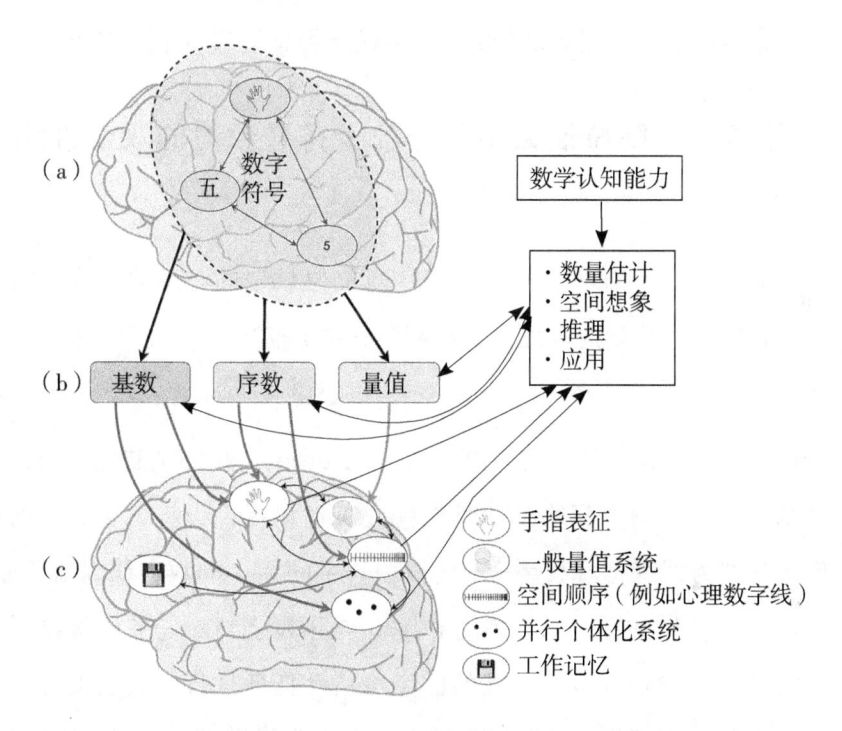

图 5-1　数字的感知—空间组件与数学能力训练的逻辑关系示意图

第二节　感知—运动空间训练系列方案

同样，通过分析文献、与专家和一线教师评定，开发出一系列感知—运动空间的训练方法。研究者运用初步确定的训练方法在湖州市随机选取二至六年级的学生，每个年级各选取 40 名学生，其中，20 名学生作为实验组，20 名学生作为对照组，进行了为期两周的预实验研究，通过实验组和对照组前测、后测检验，初步检验训练效果并调整、修订训练方法，最终形成正式的感知—运动空间系列训练。

正式实验包含3组训练任务，6类任务类型，11个训练游戏。

一、任务一：阿拉伯数字与非数字符号数量的双手直线—空间训练

任务一：双手直线—空间训练，阿拉伯数字的心理数字线判断任务和非数字符号数量的心理数字线判断任务，包括2个类型，3个训练游戏。

任务一是在详细研究费希尔（Fischer et al., 2015）交互式白板实验的基础上，在与资深小学数学专家充分商讨后，设计出了2个训练类型，分别为训练符号数字——阿拉伯数字的0~100数字线判断任务，以及训练非符号数字——点阵的0~100点阵数字判断任务。费希尔等人利用交互式白板和电脑呈现的数字线估计任务进行了实验训练，使用交互式白板和电脑的实验组小学生，在排除了潜在动机因素影响后，他们认识数字、比较大小、图形与几何等数学能力均得到提升。基于此，任务一对该训练方法进行了扩充和本土化改进。通过增加非符号数字判断的训练游戏，更加全面地丰富实验组校学生的感知—运动经验。

任务一的具体训练流程分为3个训练游戏：在0~100数字线判断任务中，训练游戏引导者指导小学生通过电脑端进入实验链接，随后指导实验组学生被试完成实验编号、实验参与次数、学号、性别、出生年月、课外数学技能专项训练经历等相关信息的填写。随后，阅读并解释训练游戏1的指导语："同学们，下面你们将完成一项数字判断

任务，这项任务包含了0~100之间的数字。当你点击'开始'后，屏幕上方会出现了一个红色的'+'，紧接着屏幕的左上角会出现具体要判断的数字，你们可以看到在这个数字下方有一条0~100的线段，请你根据自己的直觉判断，用鼠标在这条线段上点击出左上角的数字应该对应的位置，确定位置后，点击'确定'。每个位置确定后会有正确与否的反馈。数字呈现的时间很短，请你集中注意，又快又准确地做出判断。"待实验组学生理解指导语后，点击"开始"完成共52个试次的训练游戏1任务。见图5-2左示意图。

训练游戏2与训练游戏1操作要求相反，要求实验学生对0~100的数字线上标注的位置对应的数字进行判断。学生完成训练游戏1后，训练游戏引导者继续引导学生阅读并解释训练游戏2的指导语："此次的操作要求跟上一个实验刚好相反，需要你们根据0~100数字线上已经标记好的数字线位置，在数字线左上角空格处填写相应数字。"学生理解训练游戏要求后，点击"继续"。每个数字填写完成后，同样会有正确与否的反馈。"每个训练测试呈现的时间很短，请你集中注意，又快又准确地做出判断。"待实验组学生理解指导语后，点击"开始"完成共52个试次的训练游戏2任务。

训练游戏3，0~100点阵数字判断任务游戏流程同训练游戏1，不同的是训练游戏3由数字变为散点，即训练游戏引导者指导学生完成初始信息填写后，阅读并解释相关指导语，待学生理解后开始完成相关测试。每个点阵判断任务填写完成后，同样会有正确与否的反馈。待实验组学生理解指导语后，点击"开始"，同样完成共52个试次的训练游戏3任务。见图5-2右示意图。

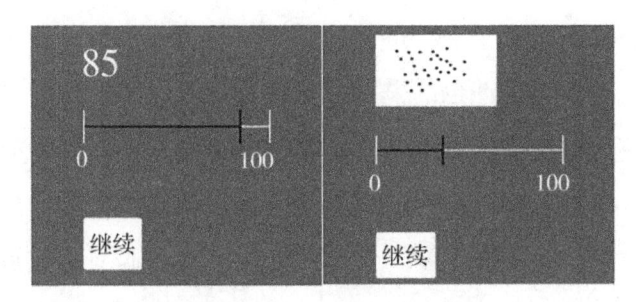

图 5-2　双手直线—空间训练（阿拉伯数字与非数字符号数量的
心理数字线判断任务）示意图

二、任务二：阿拉伯数字与非数字符号数量的双脚直线—空间训练

任务二：阿拉伯数字与非数字符号数量的双脚直线—空间训练，即走数字线——让小学生走贴在地板上的数字线，包括 2 个训练类型，3 个训练游戏。

任务二是在林克等人体感游戏实验的基础上，结合小学生预实验的实际情况，在与资深小学数学专家充分商讨后，设计出了两个训练类型，分别为训练符号数字—阿拉伯数字的走数字线任务，以及训练非符号数字—点阵的走数字线任务。林克等人采用体感游戏的实验方式，让小学生走贴在地板上的数字线来进行心理数字线估计任务。这种方法的训练实质是利用全身运动经验，以增进学生的数字认知。研究结果发现，实验组学生在数字估计、大小比较、加法运算及问题解决中均表现出明显的提升效果。随后，该实验方法被验证。如基利（Kiili）等人通过让儿童走数字线的实验研究也进一步证实了实验组儿童在数量估计和排序的能力中有了明显的改善（Kiili et al., 2018）。基于此，任务二对该训练方法进行了扩充和本土化改进。通过增加非符号数字判断的训练游戏，更加全面地增加实验组校学生的感知—运动经验。

任务二的具体训练流程同样分为3个训练游戏：任务二的训练游戏1，符号数字—阿拉伯数字的走数字线任务中，根据二年级到六年级学生数学学习的特点，针对小学二、三年级实验学生的具体训练方案流程如下：训练游戏引导者先为实验组学生阅读并解释指导语："在你们面前有三条数字线，分别是0~10、0~50、0~100，每位同学都需要在三条数字线上行走，在听到训练游戏引导者播报的数字后，迅速做出判断并走到数字线相应位置，你们后脚跟落下的位置即为最终判断位置。每次数字播报两遍，请同学们认真听，又快又准地做出判断。"在小学生理解指导语后，点击"开始"完成共54个试次，约15分钟的数字线行走训练游戏任务。在每次行走训练任务完成后，会得到正确与否的反馈。见图5-3示意图。四、五年级实验组学生游戏流程与二、三年级相同。不同的是，判断的数字范围为0~100、0~150、0~200。

任务二的训练游戏2，非符号数字—点阵的走数字线任务的游戏流程同训练游戏1，不同的是训练游戏2由数字变为散点，即在训练游戏者引导学生完成初始信息填写后，阅读并解释相关指导语，待学生理解后开始完成相关测试。每个点阵判断任务填写完成后，同样会有正确与否的反馈。待实验组学生理解指导语后，同样完成共54个试次，约15分钟的训练游戏任务。

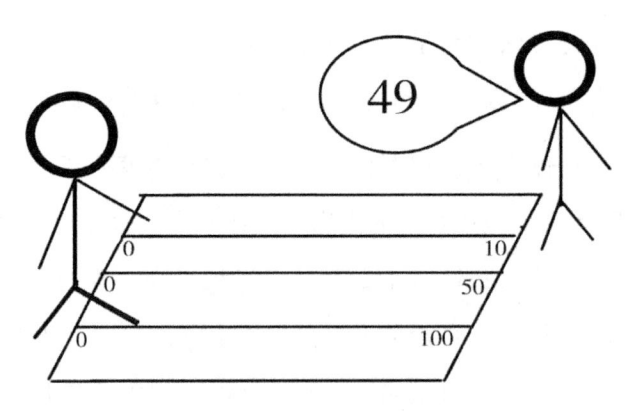

图 5-3 双脚直线—空间训练（阿拉伯数字与非数字符号数量的心理数字线判断任务）示意图

三、任务三：阿拉伯数字与非数字符号数量的多模态直线—空间数字跳毯实验训练

任务三：阿拉伯数字任务和非数字符号数量的多模态直线—空间数字跳毯实验训练，包含 2 个训练类型，6 个训练游戏。

任务三数字跳毯实验任务是在费希尔等人（Fischer et al.，2016）的数字跳毯实验的基础上，对预实验中小学生训练结果的实际情况进行分析，改编而成的 3 个数字跳毯训练游戏：数字大小比较任务的整体跳跃游戏，数字大小比较任务的单脚点地游戏，数字大小比较任务的口头回答游戏。费希尔等人通过电脑程序在地板上投射出一条数字线（包括参照数字和目标数字）。实验组儿童将目标数字与参照数字进行比较，如果目标数字比参照数字小，则向左跳跃；如果目标数字比参照数字大，则向右跳跃。实验采用数字舞蹈垫记录实验组儿童跳跃动作的准确性，对照组儿童仅在平板电脑上进行数字大小比较（无全身运动)。训练结果表明,与通过平板电脑进行数字大小比较任务的对照组儿童相比,全身运动组的实验组儿童在数字线估计和加法计算中出错的次数更少。同时实验组儿童在标准化数学成就测验(TEDI-MATH)的五项分测验当中的准确率更高,表现出更加明显的训练效果。基于此,任务三对该训练方法进行了本土化和类型化改进,通过丰富训练游戏的形式丰富实验组校学生的感知—运动经验。

任务三的训练游戏1流程如下:训练游戏引导者先为实验组学生阅读指导语:"在你们面前有一个数字跳毯,请同学们站在垫子中间并看向面前的大屏幕,一会儿在大屏幕上会先跳出上面带有数字线(数字线中间标有基准数字)的判断任务,数字线下方有一个和你们站的毯子一样的方格,中间标明了基准数字,数字线上方会出现一个数字。请同学们判断数字线上方的数字比基准数字大还是小。如果比基准数字大,双脚跳至右边的格子,反之,双脚跳至左边的格子。理解游戏规则后,点击'开始'。"该部分身体整体向左或右跳跃的比较数字有20个。见图5-4左示意图。

任务三的训练游戏2流程同任务三的训练游戏1。大屏幕上同样会先跳出上面带有数字线(数字线中间标有基准数字)的判断任务,数字线下方同样有一个和学生站的毯子一样的方格,中间标明了基准数字,数字线上方会出现一个数字。所不同的是,训练游戏2要求学生仔细看大屏幕上呈现的数字进行判断,如果看到的数字比基准数字大,右脚点右边的格子,反之,左脚点左边的格子。该部分比较的数字同样有20个。见图5-4中示意图。

任务三的训练游戏3流程同任务三的训练游戏1和2。大屏幕上同样会先跳出上面带有数字线（数字线中间标有基准数字）的判断任务，数字线下方同样有一个和学生站的毯子一样的方格，中间标明了基准数字，数字线上方会出现一个数字。所不同的是，训练游戏3要求学生仔细看大屏幕上呈现的数字进行判断，如果看到的数字比基准数字大，口头回答"右边"，反之，口头回答"左边"。该部分比较的数字同样有20个。见图5-4右示意图。

任务三的训练游戏4同训练游戏1，训练游戏5同训练游戏2，训练游戏6同训练游戏3，不同的是待比较的数字变为散点。

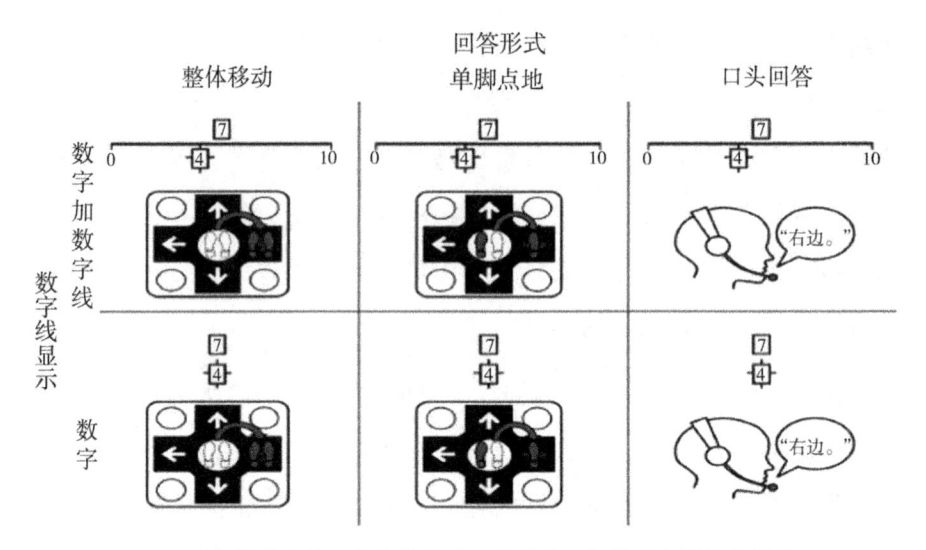

图5-4 多模态直线—空间训练（阿拉伯数字与非数字符号数量的心理数字线判断任务）示意图

数字"4"被标记为参考值，儿童需要根据参考值判断"7"的大小。儿童会根据指示做出三种不同形式的回答以判断"7"的大小，包括整体移动、单脚点地或口头回答。数量大小的视觉呈现形式有两种，首先是"4"和"7"分别正确地设置在数字线的上下两侧，使数字从小到大对应从左到右的空间分布；其次是在没有数字线的情况下，两个数字排成一列呈现在左右居中位置。

在三个任务共 11 个训练游戏中，学生完成的每个试次，电脑端后台都会生成学生的完成情况的过程参数，如反应时（从出现测试试次到被试做出反应所用的时间），判断的绝对误差百分比［绝对误差百分比 =（被试判断的位置/数字 – 目标位置/数字）/判断数字的范围 × 100%］，这些参数用于对实验训练效果进行检验。

参考文献

[1] 周新林. 教育神经科学视野中的数学教育创新 [M]. 北京：教育科学出版社，2016.

[2] DYSON N I, JORDAN N C, GLUTTING J A. A number sense intervention for low-income kindergartners at risk for mathematics difficulties[J]. Journal of Learning Disabilities，2013，46（2）：166-181.

[3] FISCHER U, MOELLER K, HUBER S, et al. Full-body movement in numerical trainings: a pilot study with an interactive whiteboard[J]. International Journal of Serious Games，2015，2（4）：23-35.

[4] FISCHER U, MOELLER K, CLASS F, et al. Dancing with the SNARC: measuring spatial-numerical associations on a digital dance mat[J]. Canadian Journal of Experimental Psychology，2016，70（4）：306.

[5] KIILI K, MOELLER K, NINAUS M. Evaluating the effectiveness of a game-based rational number training-In-game metrics as learning indicators[J]. Computers & Education，2018，120：13-28.

[6] LINK T, MOELLER K, HUBER S, et al. Walk the number line – an embodied training of numerical concepts[J]. Trends in Neuroscience and Education，2013，2（2）：74-84.

Chapter 6
第六章

感知—运动空间训练对儿童数学认知能力提升的实验研究

第一节 实验对象

为了检验感知—运动空间训练对儿童数学认知能力的提升作用,研究者选取湖州市某小学的学生展开训练实验。结合当前小学教学实际情况,小学一年级学生大部分不适宜训练,小学六年级学生面临升学压力,参加实验训练的积极性不高,为确保实验效果,并规范化选取本章实验组小学生和数学学习困难小学生,最终选取湖州市某小学教育集团3个分校二年级至五年级,共997名小学生参加测试。其中,二年级284人,三年级298人,四年级244人,五年级171人。为完成感知—运动空间训练提升儿童数学认知能力的实验研究,从中选取每个年级各 2 个班，共 8 个班的学生，共计 358 名小学生参加实验。其中，男生 192 人，女生 166 人。将各年级 2 个班小学生按照数学能力为匹配标准分成两组，一组为实验组，一组为对照组。二年级共选取 90 人，实验组 44 人，对照组 46 人；三年级共选取 90 人，实验组 40 人，对照组 50 人；四年级 90 人，实验组 42 人，对照组 48 人；五年级 88 人，实验组 40 人，对照组 48 人。

第二节 研究工具与训练方法

为了检验感知—运动空间训练对儿童数学认知能力提升的效果，研究者对二年级至五年级 8 个班的小学生进行了实验组—对照组前测后测研究设计，在进行感知—运动空间训练前和训练后分别对小学生进行数学能力的前测和后测。训练实验前测目的是检验实验组与对照组小学生初始的数学能力水平是否为同一水平。后测的目的是通过实验组和对照组的数学能力在前测和后测中的变化，检验感知—运动空间训练的效果。

为了排除实验组和对照组小学生的智力水平、学习动机、性别、平时成绩等因素对其数学能力的影响，研究在训练实验前分别采用瑞文标准智力测验、学习动机问卷，以及登记学生的性别和历次数学测验成绩等方式对这些影响因素进行测量。

一、基于具身经验的空间训练任务

正式实验包含 3 组训练任务，6 类任务类型，11 个训练游戏。

任务一：阿拉伯数字与非数字符号数量的双手直线—空间训练，包含阿拉伯数字的心理数字线判断任务和非数字符号数量的心理数字线判断任务，2 个训练类型，3 个训练游戏。

任务二：阿拉伯数字与非数字符号数量的双脚直线—空间训练，包含阿拉伯数字和非数字符号的双脚直线—空间数字训练任务，即走数字线——让小学生走贴在地板上的数字线，2 个训练类型，2 个训练游戏。

任务三：多模态直线—空间数字跳毯实验训练，包含阿拉伯数字和非数字符号数量的多模态直线—空间数字跳毯实验训练，2 个训练类型，6 个训练游戏。详见第五章。

二、数学认知能力测试

研究者采用数学认知能力测试，对小学生在训练前和训练后的数学认知能力进行测试。考虑到我国小学数学教育的实际情况，经分析文献、与专家和一线教师评定，最终将儿童数学认知能力界定为数量估计、空间想象、推理和应用能力。数量估计、空间想象、推理和应用能力都属于数学认知能力的重要组成部分（Halberda et al., 2008；Mix et al., 2016；Uttal et al., 2013；Tzuriel & Egozi, 2010）。

（一）数量估计能力

数量估计是指个体对数量的感知和估计能力。这包括对数量大小的直觉理解、数量的快速估算及对数值关系的理解。数量估计分别采用点阵比较任务、数字比较任务、数字点阵匹配任务和感数任务共4个实验任务进行测量。

1. 点阵比较任务

该实验来自数感精敏度心理物理学测验，借助电脑施测，首先需要通过 E-prime3.0 对测验所需的程序进行编制。在具体施测时，电脑屏幕上会闪现出两张点阵的图片，其中左边点阵的颜色为黄色，右边点阵的颜色为蓝色。点的数量控制在 5~28，两个点阵中点的数量比例为 0.5、0.6、0.7、0.8，每个数量比例随机呈现 2 次，作为练习阶段的题目，每个题目呈现 3 次，共 6 个试次；每个数量比例随机呈现 10 次，作为正式实验阶段的题目，每个题目呈现 2 次，共 80 个试次。小学生需要快速判断哪边的点数更多，并在规定的时间内作答，如果觉得左边点阵的点数更多，就按 A 键，如果觉得右边点阵的点数更多，就按 L 键。在具体的施测过程中，要保证 A 键和 L 键为正确答案的频率基本相同。在该测验的练习环节，程序会告知回答正确与否，但是在正式测验过程中，不会告知回答正确与否，被试只需要按照顺序依次做出回答即可。图片呈现时间持续 1000ms，小学生需集中注意力。电脑对小学生答题的反应时和正确率进行准确记录。具体实验流程如图 6-1 所示。

测验流程如下：首先，让小学生坐在电脑屏幕前，然后，由实验主试讲解指导语："电脑屏幕上会闪现两堆圆点，你需要在有限时间内快速判断出哪边的点数更多。如果认为左边点数多，就按 A 键；如果认为右边点数多，就按 L 键。你需要凭借自己的直觉对其进行判断，不能数数。如果无法进行判断，也要尽可能选择一个。如果刺激呈现时间太短你来不及做出反应，你还可以在随后的时间内做出判断。按空格键进入正式练习环节。"练习完毕，由实验主试讲解指导语："你现在是否已经了解测试要求？若有任何疑问可向我们寻求解答。如果你还不理解该任务，想回去继续练习，请按'Q'键，返回练习环节；如果你已经理解该任务，请按'P'键，进入正式的测试环节。"

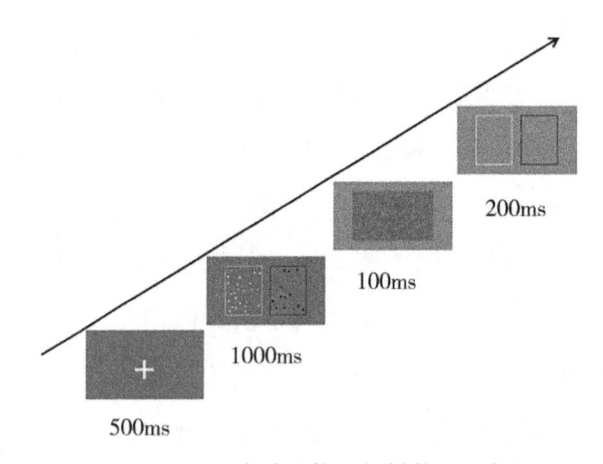

图 6-1　点阵比较任务刺激呈现流程图

2. 数字比较任务

该实验来自安德森和奥斯特格伦（Andersson & Östergren, 2012），借助电脑施测，首先需要通过 E-prime3.0 对测验所需的程序进行编制。在具体施测时，电脑屏幕上会闪现出两个数字，包括一位数数字和两位数数字。小学生需要快速判断哪边的数字更大，如果觉得左边的数字更大，就按 A 键；如果觉得右边的数字更大，就按 L 键。在具体的施测过程中，要保证 A 键和 L 键为正确答案的频率基本相同。在该测验的练习环节，程序会告知回答正确与否，但是在正式测验过程中，不会告知回答正确与否，被试只需要按照顺序依次做出回答即可。数字将会一直呈现，直到小学生做出回答。电脑对小学生答题的反应时和正确率进行准确记录。具体实验流程如图 6-2 所示。

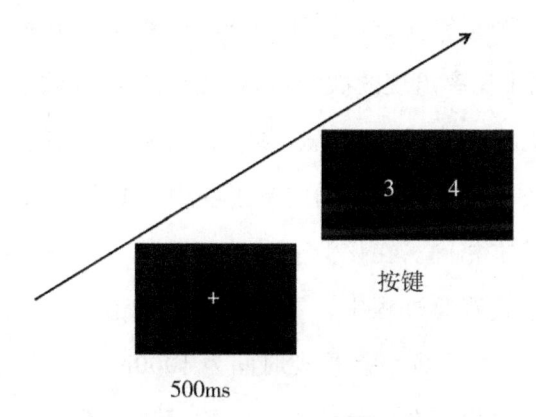

图 6-2　数字比较任务刺激呈现流程图

测验流程如下：首先，让小学生坐在电脑屏幕前，然后，由实验主试讲解指导语："电脑屏幕上会闪现两个一位数的数字。请你快速判断哪边的数字更大。如果左边的数字更大，就按 A 键；如果右边的数字更大，就按 L 键。需要注意的是反应需要又快又准确！按空格键进入练习环节。"练习完毕，再由实验主试讲解指导语："你现在是否已经了解测试要求？若有任何疑问可向我们寻求解答。如果你还不理解该任务，想回去继续练习，请按'Q'键，返回练习环节；如果你已经理解该任务，请按'P'键，进入正式的测试环节。"两位数的数字比较任务测验流程同上。

3. 数字点阵匹配任务

该实验来自蒙迪和吉尔摩（Mundy & Gilmore，2009），借助电脑施测，首先需要通过 E-prime3.0 对测验所需的程序进行编制。在具体施测时，电脑屏幕上会闪现出一个阿拉伯数字和两个点阵图片，上面是一个阿拉伯数字，在数字的下方是两个点阵图片。其中阿拉伯数字的范围为 5~28，点阵中点的数量范围为 5~46，两个点阵中，其中一个是正确选项，另一个是错误选项。正确选项和错误选项的点数量比率为 0.5 和 0.67，两个比率出现的次数相同，错误选项的数量或大或小的概率对等。如果觉得左边的为正确选项，就按 A 键；如果觉得右边的为正确选项，就按 L 键。在具体的施测过程中，要保证 A 键和 L 键为正确答案的频率基本相同。在该测验的练习环节，程序会告知回答正确与否，但是在正式测验过程中，不会告知回答正确与否，被试只需要按照顺序依次做出回答即可。呈现时间为 1000ms，小学生需要集中注意力。电脑对小学生答题的反应时和正确率进行准确记录。具体实验流程如图 6-3 所示。

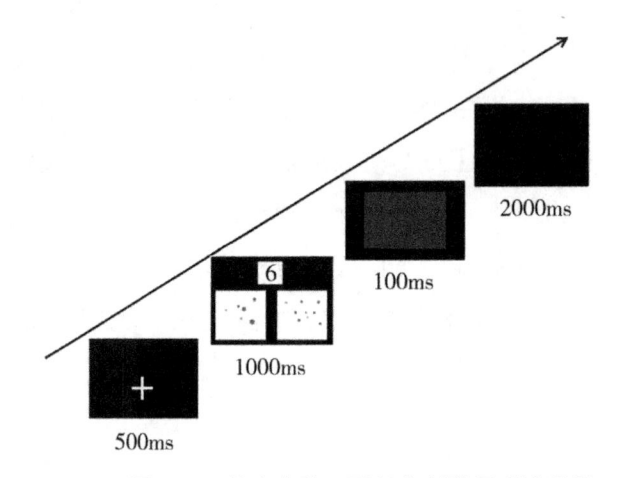

图 6-3　数字点阵匹配任务刺激呈现流程图

测验流程如下：首先，让小学生坐在电脑屏幕前，然后，实验主试讲解指导语："电脑屏幕上会呈现出一张图片，上方会出现一个阿拉伯数字，数字的下面是两堆圆点的图片。在有限的时间内，你需要快速判断出哪一堆圆点的总数量与上面的阿拉伯数字相同。如果你觉得是左边的圆点，就按 A 键；如果你觉得是右边的圆点，就按 L 键。你需要凭借自己的直觉对其进行判断，不能数数。如果无法进行判断，也要尽可能选择一个。如果刺激呈现时间太短你来不及做出反应，你还可以在随后的时间内做出判断。按空格键进入练习环节！"练习完毕，实验主试讲解指导语："你现在是否已经了解测试要求？若有任何疑问可向我们寻求解答。如果你还不理解该任务，想回去继续练习，请按'Q'键，返回练习环节；如果你已经理解该任务，请按'P'键，进入正式的测试环节。"

4. 感数任务

测验采用 PPT 呈现。电脑屏幕上会呈现出数量为 1 到 8 的大小不一的黑色圆点，每次刺激呈现的时间持续 100ms，小学生则需要在规定的时间内凭借直觉对屏幕上出现的圆点数量做出判断，并向实验主试说出自己的答案。每一种数量的圆点分别重复呈现 4 次，分别是 1~8 的数量，一共包括 32 个试次。在正式的实验开始之前，小学生需要进行相应练习环节，通过练习之后，方可进行正式测验。由实验主试记录反应时和正确数。具体实验流程如图 6-4 所示。

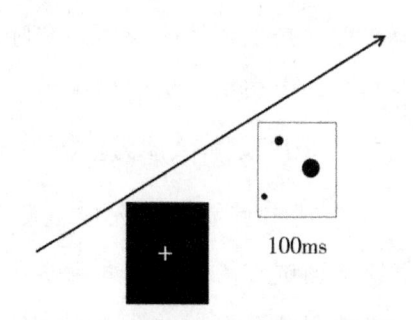

图 6-4 感数任务刺激呈现流程图

测验流程如下：首先，让小学生坐在电脑屏幕前，然后，实验主试讲解指导语："现在我们来做个游戏，注意看着屏幕中间，一会儿屏幕上会飞快地出现一堆大小不同的黑色圆点，请你在规定的时间内对屏幕上的圆点数目做出判断，既要看得快又要看得准，然后说出相应的数字。明白了吗？"待小学生理解指导语后，方可开始测试，并精准计时。

（二）空间想象能力

空间想象能力是学生在心中对空间关系进行操作和思考的能力，包括对几何图形的理解、三维物体的旋转和变换，以及对空间关系的推断等。

（三）推理能力

推理能力是学生进行逻辑思考和得出结论的能力。这包括归纳推理和演绎推理两种形式。归纳推理是从具体实例中总结出一般规律，而演绎推理是从已知的规则或原理推导出具体结论。推理能力是解决数学问题的核心。

（四）应用能力

应用能力是学生将数学知识和技能应用到实际问题中的能力，包括将抽象的数学概念和原理应用到具体情境中，解决实际生活和工作中的数学问题，因此又被称为问题解决能力。

数学认知能力测验包括韦克斯勒个人成就测验、数学技能分测验、小学生数学成就评估测试和伍德寇—乔森学业水平测试等。通过对比，韦克斯勒个人成就测验在小学生数学技能的测评中信效度更高且应用更广（李皓，2006）。相对应地，对空间想象能力、推理能力和应用能力的测试，分别采用韦克斯勒个人成就测验第三版（Wechsler Individual Achievement Test-Third Edition，简称 WIAT-Ⅲ）中的数学能力分测验测试的图形与几何，比较大小和数字运算，以及问题解决能力。该测试题共包含 72 道题目，其中每道题目的难度逐级递增。由于二、三年级和四、五年级小学生身心发展水平和已有数学知识基础的不同，研究者选取了前 38 题检测二、三年级小学生的空间想象、推理和应用能力，后 34 题检测四、五年级小学生的空间想象、推理和应用能力。二、三年级的试题按照数学能力的 5 个维度进行了划分。其中，图形与几何 3 题、认识数字 13 题（不做计分使用）、比较大小 9 题、数字运算 7 题、问题解决 6 题。四、五年级也将题目进行了划分。其中，图形与几何 6 题、认识数字 13 题、比较大小 9 题、数字运算 11 题、问题解决 11 题。测验共计 40 分钟左右。

测验的流程如下，实验主试为小学生阅读试题讲解指导语："下面，同学们手中会拿到一张试题，请同学们认真审题，根据题目的要求完成上面的选择、填空或者计算任务。有些题目会有一些难度，如果不会可以跳过。本次测试仅做研究使用，不做任何与考试有关的成绩评定使用，作答时长共计 40 分钟，时间比较充裕，所以请同学们不要有心理负担，尽量完成得又多又快又准确。如果做好，请举手向老师示意，听清楚了吗？"待学生清楚任务后，实验主试分发试卷并开始计时，学生予以作答，待其全部完成后收回答卷。

三、瑞文标准智力测验

为了排除学生智力水平对其数学能力发展的影响，研究采用了标准型瑞文测验（Raven's Standard Progressive Matrices，简称 SPM），对所有参与数学能力测验学生的智力水平进行测试。该套测试题共计 60 道，一共分为 A、B、C、D、E 五个部分，每个部分的试题分别为 12 道，每个部分的 12 道试题难度都是逐级递增的，并且从 A 到 E 部分的难度系数逐步提高。标准型瑞文测验又称瑞文推理测验，是一种非语言智力测验，其中文版广泛适用于国内的智力研究和临床诊断中（张厚粲，1989）。该测验的题目主要是让学生对试题中图片缺失的部分，从备选项选择并进行补全，要求所选择的内容与空缺部分相匹配，使得整个图形系列符合逻辑。这套测试题的时间共计 40 分钟，计分规则根据学生答对题目的数量进行累加。其中瑞文标准智力测验标准分低于 25% 判断为智力水平低下。

瑞文标准智力测验的测试流程如下，实验指导者分发给学生测试手册和测试答题卡，给学生阅读指导语："下面，同学们手中会拿到一张试卷，请认真审题，根据题目的要求完成选择题。将你认为正确的选项填入空缺部分，从而让每个图形变成一个具有逻辑体系的整体。你们的手中还会拿到一张答题卡，请在答题卡上按照题号将选择的答案填上去。有些题目会比较难，如果不会可以跳过。一共有 40 分钟的答题时间，请小朋友们不用紧张，认真思考完成试题即可。时间结束，立刻停笔，老师会来收试卷，听清楚了吗？"待学生清楚任务后，指导者分发试卷并开始计时，学生予以作答，待其全部完成后收回答卷。

四、学习动机诊断测验

为了排除学习动机对所有参与测验的学生的数学能力的影响，研究采用了周步成的学习动机诊断测验（Motivation Assessment Test，简称 MAAT）（周步成，1991）。该测验采用"经常""有时"和"从不"3级计分，共12道题目，没有时间限制，要求小学生根据自身的实际情况如实填写并作答。学习动机诊断测验的分数根据小学生选择的选项累计计分，其中"经常"计为3分，"有时"计为2分，"从不"计为1分。

学习动机的测试流程如下，实验指导者分发给小学生测试手册，给小学生阅读指导语："同学们手中会拿到一张问卷，请认真读题，并根据自己的实际情况做出选择。每个选项没有正确与不正确之分，请选择符合你的真实情况的选项。同学们可以在题目后面的'经常''有时''从不'的方格中打钩。测试无时间限制，请大家不要漏做题目。如果做好，请举手向老师示意，听清楚了吗？"待学生清楚任务后，实验指导者分发试卷，学生予以作答，待学生全部完成后收回答卷。

第三节　研究结果

一、数量估计能力

为验证感知—运动空间训练对小学生数学认知能力提升的效果，同时，排除小学生原有智力水平、学习动机、已有数学水平、性别等多种因素的影响，研究运用 SPSS 27.0 对四个数字数量估计任务正确反应的反应时进行统计分析，具体方法有描述性统计、重复测量方差分析、协方差分析等。其中，协方差分析检验发现，学习动机（$F = 1.200$，$p > 0.050$）、智力水平（$F = 0.980$，$p > 0.050$）、已有数学水平（$F = 1.150$，$p > 0.050$）、性别（$F = 0.850$，$p > 0.050$）在实验组和对照组中均无明显差异。因此后续的实验组和对照组的比较将不再考虑这些因素的影响。

（一）点阵比较任务

对实验组和对照组小学生点阵比较任务的反应时进行 2（组别：实验组 vs. 对照组）×2（测试时间：前测 vs. 后测）×4（年级：二年级 vs. 三年级 vs. 四年级 vs. 五年级）重复测量方差分析。其中，被试内变量为测试时间，被试间变量为组别和年级，以点阵比较任务的正确反应的反应时为因变量。结果见表 6-1。

重复测量方差分析结果显示，时间主效应显著（$F = 348.560$，$p < 0.001$），后测的反应时显著低于前测。组别主效应不显著（$F = 2.650$，$p = 0.100$），实验组和对照组之间差异不显著。年级主效应显著（$F = 6.570$，$p = 0.002$），不同年级之间的反应时存在显著差异，随着年级的增长，反应时逐渐变小。

时间和组别的交互效应显著（$F = 10.250$，$p = 0.002$），实验组和对照组在前测和后测之间的表现提升程度存在显著差异，实验组的表现提升幅度更大。时间和年级的交互效应显著（$F = 5.680$，$p = 0.002$），不同年级在前测和后测之间的表现提升程度存在显著差异，二年级的提升幅度更大。组别和年级的交互效应显著（$F = 5.680$，$p = 0.002$），不同年级的实验组和对照组之间的表现差异存在显著性，二、三年级的实验组表现优于对照组。时间、组别和年级的三重交互效应显著（$F = 5.680$，$p = 0.002$），不同年级的实验组和对照组在前测和后测之间的表现差异存在显著性，尤其是二年级的实验组表现提升更为显著。

这些结果表明，实验组在干预后的表现显著提升，且年级对反应时的影响显著。

表 6-1　点阵比较任务实验组、对照组前测—后测的反应时

年级	组别	前测 RT（$M \pm SD$）	后测 RT（$M \pm SD$）
二年级	实验组	578.24 ± 50.53	501.56 ± 45.33
	对照组	576.07 ± 48.62	544.92 ± 47.53
三年级	实验组	553.60 ± 52.13	487.38 ± 46.87
	对照组	550.89 ± 49.24	531.15 ± 45.65
四年级	实验组	531.79 ± 45.37	473.84 ± 43.73
	对照组	534.31 ± 51.72	523.95 ± 48.26
五年级	实验组	534.85 ± 47.80	475.99 ± 44.17
	对照组	533.90 ± 52.96	516.93 ± 47.98

（二）数字比较任务结果

同样，对实验组和对照组小学生数字比较任务的反应时进行 2（组别：实验组 vs. 对照组）×2（测试时间：前测 vs. 后测）×4（年级：二年级 vs. 三年级 vs. 四年级 vs. 五年级）重复测量方差分析。其中，被试内变量为测试时间，被试间变量为组别和年级，以数字比较任务的正确反应的反应时为因变量。结果见表 6-2。

表 6-2　数字比较任务实验组、对照组前测—后测的反应时

年级	组别	前测 RT（$M \pm SD$）	后测 RT（$M \pm SD$）
二年级	实验组	574.24 ± 49.53	497.56 ± 44.33
	对照组	572.07 ± 47.62	540.92 ± 46.53
三年级	实验组	549.60 ± 51.13	483.38 ± 45.87
	对照组	546.89 ± 48.24	527.15 ± 44.65
四年级	实验组	527.79 ± 44.37	469.84 ± 42.73
	对照组	530.31 ± 50.72	519.95 ± 47.26
五年级	实验组	530.85 ± 46.80	481.99 ± 43.17
	对照组	529.90 ± 51.96	512.93 ± 46.98

重复测量方差分析结果显示，时间主效应显著（$F = 120.350$，$p < 0.001$），后测的反应时显著低于前测。组别主效应显著（$F = 10.520$，$p = 0.001$），实验组反应时小于对照组。年级主效应显著（$F = 15.840$，$p < 0.001$），不同年级之间的反应时存在显著差异，随着年级的增长，反应时逐渐变小，但四、五年级之间差异不显著。

时间和组别的交互效应显著（$F = 25.670$，$p < 0.001$），实验组和对照组在前测和后测之间的表现提升程度存在显著差异，实验组的表现提升幅度更大。时间和年级的交互效应显著（$F = 7.930$，$p < 0.001$），不同年级在前测和后测之间的表现提升程度存在显著差异，相对而言，年级越低反应时减少的幅度越大。组别和年级的交互效应显著（$F = 5.470$，$p = 0.001$），不同年级的实验组和对照组之间的表现差异存在显著性，二、三年级的实验组表现优于对照组。时间、组别和年级的三重交互效应显著（$F = 5.680$，$p = 0.002$），不同年级的实验组和对照

组在前测和后测之间的表现差异存在显著性,尤其是二年级的实验组反应时降低最明显。

与点阵比较任务结果一致,数字比较任务结果表明,实验组在干预后的表现显著提升,且年级对反应时的影响显著。

(三)数字点阵匹配任务结果

与点阵比较和数字比较任务相同,对实验组和对照组小学生数字点阵匹配任务的反应时进行 2(组别:实验组 vs. 对照组)×2(测试时间:前测 vs. 后测)×4(年级:二年级 vs. 三年级 vs. 四年级 vs. 五年级)重复测量方差分析。其中,被试内变量为测试时间,被试间变量为组别和年级,以数字点阵匹配任务的正确反应的反应时为因变量。结果见表 6-3。

表 6-3 数字点阵匹配任务实验组、对照组前测—后测的反应时

年级	组别	前测 RT($M \pm SD$)	后测 RT($M \pm SD$)
二年级	实验组	600.24 ± 55.53	520.56 ± 50.33
	对照组	598.07 ± 53.62	564.92 ± 52.53
三年级	实验组	575.60 ± 57.13	507.38 ± 51.87
	对照组	572.89 ± 54.24	551.15 ± 50.65
四年级	实验组	551.79 ± 50.37	493.84 ± 48.73
	对照组	554.31 ± 56.72	543.95 ± 53.26
五年级	实验组	555.85 ± 52.80	505.99 ± 49.17
	对照组	553.90 ± 57.96	536.93 ± 52.98

重复测量方差分析结果显示,时间主效应显著($F = 130.450$,$p < 0.001$),后测的反应时显著低于前测。组别主效应显著

（$F = 25.320$，$p < 0.001$），实验组整体反应时小于对照组。年级主效应显著（$F = 45.680$，$p < 0.001$），不同年级之间的反应时存在显著差异，表明年级高低对反应时有显著影响，高年级（四、五年级）整体反应时较低年级（二、三年级）更快。

时间和组别的交互效应显著（$F = 72.150$，$p < 0.001$），实验组和对照组在前测和后测之间的表现提升程度存在显著差异，表明实验组和对照组在前测与后测的变化趋势不同，实验组在后测中的反应时下降幅度更大。时间和年级的交互效应显著（$F = 34.920$，$p < 0.001$），表明不同年级在前测与后测的反应时变化趋势不同，高年级的反应时改进更明显。组别和年级的交互效应显著（$F = 5.740$，$p < 0.001$），不同年级的实验组和对照组之间的表现差异存在显著性，表明实验组和对照组在不同年级中的表现差异存在变化，尤其是高年级的实验组表现更优。时间、组别和年级的三重交互效应显著（$F = 10.480$，$p = 0.001$），不同年级的实验组和对照组在前测和后测之间的表现差异存在显著性，尤其是四、五年级的实验组表现提升更为显著。

这些结果表明，通过实验训练，不同年级的学生在数字点阵匹配任务中的反应时均有所改进，且实验组的改进幅度更为显著，高年级学生的反应时整体上比低年级学生更快。

（四）感数任务结果

与上述三个任务相同，对实验组和对照组小学生感数任务的反应时进行2（组别：实验组 vs. 对照组）×2（测试时间：前测 vs. 后测）×4（年级：二年级 vs. 三年级 vs. 四年级 vs. 五年级）重复测量方差分析。其中，被试内变量为测试时间，被试间变量为组别和年级，以点阵比较任务的正确反应的反应时为因变量。结果见表6-4。

表6-4　感数任务实验组、对照组前测—后测的反应时

年级	组别	前测RT（$M \pm SD$）	后测RT（$M \pm SD$）
二年级	实验组	478.24 ± 30.53	401.56 ± 25.33
	对照组	476.07 ± 28.62	444.92 ± 27.53
三年级	实验组	453.60 ± 32.13	387.38 ± 26.87
	对照组	450.89 ± 29.24	431.15 ± 25.65
四年级	实验组	431.79 ± 25.37	373.84 ± 23.73
	对照组	434.31 ± 31.72	423.95 ± 28.26
五年级	实验组	434.85 ± 27.80	385.99 ± 24.17
	对照组	433.90 ± 32.96	416.93 ± 27.98

重复测量方差分析结果显示，时间主效应显著（$F = 5.810$，$p < 0.001$），后测的反应时显著低于前测。组别主效应显著（$F = 1.580$，$p < 0.001$），实验组反应时整体小于对照组。年级主效应显著（$F = 9.270$，$p < 0.001$），不同年级之间的反应时存在显著差异，随着年级的增长，反应时逐渐变小。

时间和组别的交互效应显著（$F = 1.710$，$p < 0.001$），实验组和对照组在前测和后测之间的表现提升程度存在显著差异，实验组的表现提升幅度更大。时间和年级的交互效应显著（$F = 8.560$，$p < 0.001$），不同年级在前测和后测之间的表现提升程度存在显著差异，高年级（四、五年级）比低年级（二、三年级）后测与前测之间变化的幅度大。组别和年级的交互效应显著（$F = 1.970$，$p < 0.001$），不同年级的实验组和对照组之间的表现差异存在显著性，四、五年级的实验组

表现优于对照组。时间、组别和年级的三重交互效应显著（$F = 1.240$，$p < 0.001$），不同年级的实验组和对照组在前测和后测之间的表现差异存在显著性，尤其是二年级的实验组表现提升更为显著。

与上述三个任务的统计分析结果一致，这些结果表明，实验组在干预后的表现显著提升，且年级对反应时的影响显著。

综合四个数量估计任务发现，通过实验训练，不同年级实验组和对照组的学生在四个任务中的后测反应时均小于前测，但实验组的改进幅度更为显著，说明了通过感知—运动空间训练对儿童数量估计的促进作用。但四个年级组的促进效果不同，具体表现为点阵判断任务、数字判断任务和感数任务的提升效果低年级（二、三年级）优于高年级（四、五年级）；数字点阵匹配任务的提升效果高年级（四、五年级）优于低年级（二、三年级）。

二、空间想象能力

按照韦克斯勒个人成就测验第三版中数学能力分测验测试的计分方法，对实验组和对照组小学生图形与几何任务的得分转化的标准分数进行 2（组别：实验组 vs. 对照组）× 2（测试时间：前测 vs. 后测）× 4（年级：二年级 vs. 三年级 vs. 四年级 vs. 五年级）重复测量方差分析。其中，被试内变量为测试时间，被试间变量为组别和年级，以图形与几何任务得分的标准分数为因变量。结果见表 6–5。

表 6-5　实验组、对照组前测—后测的空间想象能力标准分

年级	组别	前测 RT（$M \pm SD$）	后测 RT（$M \pm SD$）
二年级	实验组	0.83 ± 0.14	0.90 ± 0.10
	对照组	0.78 ± 0.15	0.77 ± 0.15
三年级	实验组	0.85 ± 0.10	0.99 ± 0.04
	对照组	0.82 ± 0.11	0.83 ± 0.10
四年级	实验组	0.88 ± 0.07	1.00 ± 0.00
	对照组	0.87 ± 0.09	0.90 ± 0.00
五年级	实验组	1.00 ± 0.00	1.00 ± 0.00
	对照组	1.00 ± 0.00	1.00 ± 0.00

重复测量方差分析结果显示，时间主效应显著（$F = 48.320$，$p < 0.001$），后测的标准分数高于前测。组别主效应显著（$F = 35.460$，$p < 0.001$），实验组整体标准分数大于对照组。年级主效应显著（$F = 18.760$，$p < 0.001$），不同年级之间的标准分数存在显著差异，年级越高，得分的标准分数越高。

时间和组别的交互效应显著（$F = 12.530$，$p < 0.001$），实验组和对照组在前测和后测之间的表现提升程度存在显著差异，表明实验组和对照组在前测与后测的变化趋势不同，实验组在后测中的得分的标准分数提升显著高于前测，而对照组的变化不大。时间和年级的交互效应显著（$F = 6.870$，$p < 0.001$），表明不同年级在前测与后测的反应时变化趋势不同，二、三、四年级得分的标准分数提升更明显。

组别和年级的交互效应显著（$F = 10.290$，$p < 0.001$），不同年级的实验组和对照组之间的表现差异存在显著性，表明实验组和对照组在不同年级中的表现差异存在变化，尤其是年级越低的实验组的提升

效果越明显。时间、组别和年级的三重交互效应显著（$F = 4.320$，$p < 0.001$），实验组与对照组在前测和后测反应时的变化趋势在不同年级之间存在显著差异，特别是在较低年级，实验组的训练效果更加显著。

总体而言，这些结果表明通过实验训练，实验组在后测中反应时显著提高，尤其是在较低年级。这表明实验组的训练对学生的空间想象能力有显著的积极影响。

三、推理能力

按照韦克斯勒个人成就测验第三版中数学能力分测验测试的计分方法，对实验组和对照组小学生比较大小任务的得分转化的标准分数进行2（组别：实验组 vs. 对照组）×2（测试时间：前测 vs. 后测）×4（年级：二年级 vs. 三年级 vs. 四年级 vs. 五年级）重复测量方差分析。其中，被试内变量为测试时间，被试间变量为组别和年级，分别以比较大小和数字运算任务的标准分数为因变量。结果见表6-6。

表6-6　实验组、对照组前测—后测的推理能力标准分

年级	组别	比较大小		数字运算	
		前测 RT（$M \pm SD$）	后测 RT（$M \pm SD$）	前测 RT（$M \pm SD$）	后测 RT（$M \pm SD$）
二年级	实验组	0.94 ± 0.11	0.98 ± 0.04	0.90 ± 0.12	0.97 ± 0.07
	对照组	0.98 ± 0.05	0.98 ± 0.06	0.95 ± 0.10	0.92 ± 0.12
三年级	实验组	0.93 ± 0.11	1.00 ± 0.00	0.95 ± 0.11	0.98 ± 0.07
	对照组	0.94 ± 0.10	0.94 ± 0.12	0.95 ± 0.07	0.95 ± 0.07
四年级	实验组	0.98 ± 0.12	1.00 ± 0.00	0.85 ± 0.13	0.94 ± 0.08
	对照组	0.93 ± 0.11	0.95 ± 0.12	0.81 ± 0.13	0.81 ± 0.13

续表

年级	组别	比较大小		数字运算	
		前测 RT ($M \pm SD$)	后测 RT ($M \pm SD$)	前测 RT ($M \pm SD$)	后测 RT ($M \pm SD$)
五年级	实验组	0.93 ± 0.09	0.98 ± 0.04	0.84 ± 0.10	0.93 ± 0.08
	对照组	0.96 ± 0.06	0.97 ± 0.06	0.88 ± 0.11	0.88 ± 0.11

比较大小任务得分的标准分数重复测量方差分析结果显示，时间主效应显著（$F = 12.340$，$p < 0.001$），后测的标准分数高于前测。组别主效应显著（$F = 5.120$，$p = 0.024$），实验组整体标准分数大于对照组。年级主效应显著（$F = 15.670$，$p < 0.001$），不同年级之间的标准分数存在显著差异，表明随着年级的增长，比较大小得分的标准分越高。

时间和组别的交互效应边缘显著（$F = 3.450$，$p = 0.065$），实验组和对照组在前测和后测之间的表现提升程度存在显著差异，表明实验组和对照组在前测与后测的变化趋势不同，实验组在后测中的标准分数提升的幅度更大。时间和年级的交互效应显著（$F = 3.990$，$p = 0.009$），表明不同年级在前测与后测的反应时变化趋势不同。组别和年级的交互效应显著（$F = 2.780$，$p = 0.041$），不同年级的实验组和对照组之间的表现差异存在显著性，表明实验组和对照组在不同年级中的表现差异存在变化，尤其中间年级（二、三年级）的实验组表现更优。时间、组别和年级的三重交互效应不显著，（$F = 1.250$，$p = 0.290$），表明不同年级在实验组和对照组之间的前测和后测得分变化不存在显著差异。

数字运算得分的标准分数重复测量方差分析结果显示，时间主效应显著（$F = 134.620$，$p < 0.001$），后测的标准分数高于前测。组别主效应显著（$F = 14.860$，$p < 0.001$），实验组整体标准分数大于对照组。年级主效应显著（$F = 6.360$，$p < 0.001$），不同年级之间的标准分数存在显著差异，表明年级高低对数字运算得分的标准分数有显著影响。

时间和组别的交互效应显著（$F = 19.520$，$p < 0.001$），实验组和对照组在前测和后测之间的表现提升程度存在显著差异，表明实验组和对照组在前测与后测的变化趋势不同，实验组在后测中的标准分数提升的幅度更大。时间和年级的交互效应显著（$F = 5.090$，$p = 0.002$），表明不同年级在前测与后测得分的标准分数变化趋势不同，低年级的反应时改进更明显。组别和年级的交互效应显著（$F = 4.070$，$p < 0.008$），不同年级的实验组和对照组之间的表现差异存在显著性，表明实验组和对照组在不同年级中的表现差异存在变化，尤其是低年级的实验组表现更优。时间、组别和年级的三重交互效应不显著（$F = 3.360$，$p = 0.019$），表明不同年级在实验组和对照组之间的前测和后测得分变化不存在显著差异。

总体而言，对推理能力的两个测验结果得分的标准分数进行重复测量方差分析，结果表明通过实验训练，不同年级的学生在推理能力方面均有所改进，且实验组的改进幅度更为显著，低年级学生的推理能力整体上比高年级学生提升的效果更好。

四、应用能力

按照韦克斯勒个人成就测验第三版中数学能力分测验测试的计分

方法，对实验组和对照组小学生问题解决的得分转化的标准分数进行2（组别：实验组 vs. 对照组）×2（测试时间：前测 vs. 后测）×4（年级：二年级 vs. 三年级 vs. 四年级 vs. 五年级）重复测量方差分析。其中，被试内变量为测试时间，被试间变量为组别和年级，以数学问题解决得分的标准分数为因变量。结果见表 6-7。

表 6-7　实验组、对照组前测—后测的应用能力标准分数

年级	组别	前测 RT（$M \pm SD$）	后测 RT（$M \pm SD$）
二年级	实验组	0.78 ± 0.10	0.94 ± 0.10
	对照组	0.73 ± 0.10	0.88 ± 0.12
三年级	实验组	0.84 ± 0.17	0.95 ± 0.10
	对照组	0.89 ± 0.13	0.87 ± 0.15
四年级	实验组	0.87 ± 0.08	0.95 ± 0.07
	对照组	0.81 ± 0.11	0.79 ± 0.10
五年级	实验组	0.89 ± 0.08	0.95 ± 0.06
	对照组	0.89 ± 0.10	0.86 ± 0.11

重复测量方差分析结果显示，时间主效应显著（$F = 150.160$，$p < 0.001$），后测的标准分数高于前测。组别主效应显著（$F = 49.640$，$p < 0.001$），实验组和对照组之间的应用能力得分的标准分数存在显著差异。年级主效应显著（$F = 24.960$，$p < 0.001$），不同年级之间的标准分数存在显著差异，年级越高，问题解决得分的标准分数越高。

时间和组别的交互效应显著（$F = 34.110$，$p < 0.001$），实验组和对照组在前测到后测的应用能力得分的标准分数变化存在显著差异，实验组在后测中的得分的标准分数提升显著高于前测，而对照组的变化

不大。时间和年级的交互效应显著（$F=5.290$，$p=0.002$），表明不同年级在前测与后测的得分变化趋势不同，后测与前测相比，得分的标准分数提升更明显。组别和年级的交互效应不显著（$F=12.480$，$p=0.062$），实验组和对照组在不同年级之间的应用能力差异不显著。时间、组别和年级的三重交互效应不显著（$F=2.240$，$p=0.085$），说明不同年级的实验组和对照组在前测到后测的应用能力变化差异不显著。

总体而言，重复测量方差分析结果表明，时间、组别和年级的主效应均显著。时间和组别、时间和年级之间的交互作用也显著。这些结果表明实验训练对应用能力的提升效果在不同组别和年级之间存在显著差异，前测到后测的变化尤为明显。然而，组别和年级之间的交互作用及三重交互作用不显著，表明实验组和对照组在不同年级之间的差异并不显著，且实验组在不同年级应用能力均有提升的前提下，不同年级提升的效果之间不存在差异。

第四节　分析与讨论

本研究通过一系列实验验证了感知—运动空间训练对小学生数学认知能力的提升作用。研究结果显示，整体而言，实验组学生在数量估计、空间想象、推理和应用能力方面的表现显著优于对照组，尤其是在后测中的表现提升更加显著。这与以往的相关领域的研究结果相一致，进一步验证了感知—运动空间训练作为一种有效的教育干预手段的可靠性和实用性。

一、感知—运动空间训练对儿童数学认知能力提升的效果

训练任务对数量估计能力提升的结果表明，感知—运动空间训练显著提高了学生的数量估计能力。具体来说，在点阵比较任务、数字比较任务、数字点阵匹配任务和感数任务中，实验组的反应时显著低于对照组，且后测反应时显著低于前测，表明训练对数量估计能力有显著的促进作用。值得注意的是，点阵比较任务、数字比较任务、数字点阵匹配任务和感数任务中，低年级（二、三年级）的学生的提升幅度较高年级（四、五年级）更大，数字点阵匹配任务中，高年级（四、五年级）的学生的提升幅度较低年级（二、三年级）更大，表现为对于认知加工要求相对低的数量估计（点阵比较任务、数字比较任务和感数任务中），低年级学生的训练效果更优；对于认知加工要求相对高的数量估计（数字点阵匹配任务），低年级学生的训练效果更优。

训练任务对空间想象能力提升的结果表明，实验组在后测中的得分显著高于前测，且高于对照组，说明感知—运动空间训练对学生的空间想象能力有显著提升。年级主效应显著，表明年级越高，学生的空间想象能力越强。这可能是由于高年级学生在日常学习中接触到更多的空间想象相关内容，因此在测试中表现更佳。然而，低年级实验组的提升幅度更大，表明感知—运动空间训练对低年级学生的空间想象能力有更大的促进作用。

训练任务对推理能力提升效果的研究表明，实验组的后测得分显著高于前测，且高于对照组，表明感知—运动空间训练对学生的推理能力有显著提升。时间主效应和组别主效应显著，表明训练后学生的推理能力显著提升，实验组的表现优于对照组。年级主效应显著，表

明年级越高，学生的推理能力越强。这可能是由于高年级学生在日常学习中积累了更多的推理经验，因此在测试中表现更佳。

训练任务对推理能力提升效果的研究表明，实验组在后测中的得分显著高于前测，且高于对照组，说明感知—运动空间训练对学生的数学应用能力有显著提升。时间主效应和组别主效应显著，表明训练后学生的应用能力显著提升，实验组的表现优于对照组。年级主效应显著，表明年级越高，学生的应用能力越强。这可能是由于高年级学生在日常学习中接触到更多的应用任务，因此在测试中表现更佳。然而，实验组的提升幅度在不同年级之间没有显著差异，表明感知—运动空间训练对各年级学生的应用能力都有显著促进作用。

二、基于具身经验的感知—运动空间训练系列方法

研究采用文献研究法，在对国内外基于具身经验的空间训练进行大量分析、梳理和整合后，于湖州市某小学对初步制定的训练方法展开了为期两周的预实验研究。研究者结合小学生实际情况，并与该领域专家商讨后对训练方法做出了适当调整，最终开发出了三套基于具身经验的空间训练方法，该过程有效保证了训练方案的科学性和合理性。三项基于具身经验的空间训练方法从简单到复杂、从双手反应到全身运动，对二至五年级实验组学生展开了为期八周的实验训练，这种循序渐进的训练方法符合小学生学习的心理特征。

3组训练任务，6类任务类型，11个训练游戏，分别训练儿童的数字和点阵形式的数量认知的感知—运动经验。对照组小学生除了不进行训练，其余教学活动与实验组完全相同。在对实验组和对照组数学

能力测验的前测和后测数据进行重复测量方差分析及协方差分析，排除了性别、智力水平、已有数学能力、学习动机等多种相关因素对小学生数学认知能力的影响后，实验结果显示，无论是哪一个年级，实验组学生在数学认知能力的四个维度较对照组学生而言，均有提升。这和林克等人采用体感游戏让儿童进行数字空间训练的结果相吻合，证明了系列基于具身经验的空间训练方法的可行性。

基于数学认知能力的促进是通过训练来促进儿童数学能力发展的，即对数字认识的核心能力，数字及计算的基础——数字认知能力的训练。基于数学认知能力促进的训练是由三个非常重要的观点发展而来的。第一个是复杂的数学能力建立在基本数字表征基础之上的观点。第二个是抽象的概念表征（如数字表征）建立在感知和身体表征基础之上的观点，即具身认知的观点。这些训练被统称为感知—运动空间训练或具身数字训练。第三个是具身认知在教育领域中的产物——教育神经科学中的大脑可塑性观点。该观点认为个体发展的生命全程大脑都有可塑性，在敏感期大脑的可塑性最强，进行及时干预的效果更好。人类认知建立在感知—运动基础之上，感知—运动又由身体的经验决定（Wilson, 2002）。神经科学的证据表明，运动系统不仅监控运动本身，而且对认知表征有影响（Andres et al., 2008）。跨文化、跨年龄的证据显示，数量曾经是由身体部位（包括手和脚）来表示的（Butterworth, 1999），仅在种系演化的最近时期，抽象的数量符号（如阿拉伯数字）才变得越来越普遍。然而，这些抽象的数字符号，并不能发展出完全抽象的心理数量表征。相反，越来越多的研究认为数量的心理表征在某种程度上仍保留了具身性，数量的心理表征仍与身体经验有关，多玛斯等人称之为具身数量表征。研究者认为成人的数字表征不仅仅局限于抽象的表征，或精确的数字词系统，也受身体经验的影响（Domahs, et al., 2010；Hartmann, et al., 2012；Lindemann, et al., 2011）。具身数量表征对于数学认知能力发展的重要性已被广泛接受，对自己身体运动的知觉也能影响数字加工（Hartmann, et al., 2012 a；2012 b）。

儿童阶段是个体数学认知能力和数学思维建立的关键阶段，基于数学认知能力促进的感知—运动空间训练针对的正是数学基本技能，是对儿童数学能力促进的另外一种方式。它可以有效地弥补基于课程设计的促进方式不能真正有效地提升因为基础数学认知能力薄弱，且即使通过课堂教学和大量的题海战术练习仍无法提高其数学能力的那部分儿童的数学能力。感知—运动空间训练的基本逻辑是，按照数字的基数、序数及量值三重属性（详见第四章），设计增加儿童数字感知—运动经验的游戏情境，在大脑神经可塑性的前提下，通过增强空间和数字之间联合的强度从而增强儿童的数学认知能力（U. Fischer et al., 2011；2015；Ramani & Siegler, 2008；2011）。这些感知—运动空间训练方法通过结合数学表征的空间类型和反应来最大化地实现训练过程中的空间—数字加工，从而实现对儿童数学认知能力的提升。

此外，数字的空间表征机制成了感知—运动空间训练工作机制的基础。脑成像研究发现，空间能力与数学能力的关联是因为二者存在相同的神经基础。来自不同研究的证据均显示了人类先天拥有联合数字与空间的能力（de Hevia & Spelke, 2010；Pinel et al., 2004）。脑成像研究证实了，人们在加工空间任务和数字任务时，激活了相同的脑区（Hubbard et al., 2005；Umilta et al., 2009）。涉及数字表征的大脑区域与涉及区分空间维度，如大小，长度的大脑区域的部分重叠，意味着数字认知和空间表征共用了相同区域的大脑皮层（Pinel et al.，2004），或者说数字认知和空间表征具有共同的大脑神经机制（Dehaene，2003；Feigenson et al.，2004）。这就意味着当学生在完成基于具身经验的感知—运动空间训练任务时，大脑会自动化地与空间信息建立联系，激活空间信息中的神经元，以便在头脑中建立可以操作的空间信息，完成相应的训练任务。由于神经具有可塑性，随着重复训练次数的增加，其也能够进一步增强空间和数字之间的联合，以提高学生的数学能力。同时，本研究中开发的基于具身经验的空间训练系列方法以"游戏化"的形式对小学生数学认知能力的提升起作用，这种形象趣味的空间训练方法极易吸引小学生的注意力，将其集中精力的时间增加，让他们更主动地参与数字—空间任务训练，从而提高了训练方法在实施过程中的效率。

任务一是双手直线—空间训练，包含阿拉伯数字的心理数字线判断任务和非数字符号数量的心理数字线判断任务，2个训练类型，3个训练游戏，是基于费希尔等人的交互式白板实验训练方法进行开发，该实验采用数字线估计任务与电脑上的手动反应相结合的方式，证明了实验组学生的数学认知能力均有明显提升。任务二是阿拉伯数字和非数字符号的双脚直线—空间数字训练，即走数字线——让小学生走贴在地板上的数字线，2个训练类型，2个训练游戏，是基于林克等人体感游戏实验——让小学生走贴在地板上的数字线进行开发，该实验结果发现，与对照组相比，实验组学生在数学认知能力方面均有所提升。任务三是多模态直线—空间数字跳毯实验训练，包含阿拉伯数字任务和非数字符号数量的多模态直线—空间数字跳毯实验训练，2个训练类型，6个训练游戏，是基于费希尔等人采用数字跳毯实验方式进行儿童数字训练的实验方法的开发。该实验结果表明，多模态直线—空间数字跳毯实验训练可以提升小学生数学认知能力。

以往的研究证实了大量的身体经验可以提升数字训练的效率，数字大小的全身运动经验可以作为促进数字能力而训练（Moeller et al., 2012）。已有的研究报告了感知—运动空间训练不但可以促进儿童的数字空间表征，也可以提高数学转换任务的成绩（Fischer et al., 2016; Link et al., 2013）。感知—运动空间训练可以提升空间—数字任务，有助于提升儿童数学认知能力。费希尔等人认为是具备具身属性的任务保证了训练的效果。费希尔等人和林克等人的研究强调了感知—运动空间训练的优势。他们的研究也发现，感知—运动空间训练也有助于提升儿童在多位数加法中的成绩。因此，他们认为，感知—运动空间训练可以提高数学认知训练的效率，也可以运用到正式的教学游戏和融入课堂教学中。例如，尼瑙斯等人研究发现，在数学教学中将感知—运动空间训练融入实际课堂对小学生数字运算有较强的促进作用，这与本研究的结论一致（Ninaus et al., 2017）。

三、感知—运动空间训练对儿童数学认知能力的影响

（一）感知—运动空间训练对数量估计能力的影响

数量估计能力是小学生数学认知能力的重要组成部分，涉及个体对数量的感知和估计。研究发现，经过感知—运动空间训练后，实验组学生在点阵比较任务、数字比较任务、数字点阵匹配任务和感数任务

中的反应时显著降低，正确率显著提高。这与哈尔博达等人（Halberda et al.，2008）和米克斯等人（Mix et al.，2016）的研究结果相吻合，他们都强调数量估计能力在数学认知中的核心作用。本研究进一步表明，感知—运动空间训练可以通过多种任务类型有效提升学生的数量估计能力。

研究还发现，低年级学生在数量估计任务中的提升幅度较高年级更大。这一发现与发展心理学的一些理论相一致，如皮亚杰的认知发展理论，认为低年级学生处于具体运算阶段，更容易通过具体的感知—运动空间训练提升认知能力。这也与米克斯等人的研究相符，他们发现低年级学生的数量估计能力更容易受到训练影响。因此，教育工作者应重视在低年级阶段开展感知—运动空间训练，以最大限度地提升学生的数量估计能力。

（二）感知—运动空间训练对空间想象能力的影响

空间想象能力也是小学生数学认知的重要组成部分，涉及个体对几何图形和空间关系的理解和操作。研究结果显示，经过感知—运动空间训练后，实验组学生在图形与几何任务中的得分显著提高。这与乌塔尔等人（Uttal et al.，2013）的研究结果相一致，他们的元分析研究表明，空间技能可以通过训练显著提升。本研究进一步验证了这一结论，说明感知—运动空间训练可以通过具体的任务设计，有效提升学生的空间想象能力。

研究还发现，高年级学生的空间想象能力较强，这可能与他们在日常学习中接触到更多的空间任务有关。然而，低年级实验组的提升幅度更大，这表明感知—运动空间训练对低年级学生的空间想象能力有更大的促进作用。图列尔和叶戈津也发现，通过特定的空间训练，低年级学生的空间能力提升更为显著（Tzuriel & Egozi, 2010）。因此，在低年级阶段进行感知—运动空间训练，对提升学生的空间想象能力具有重要意义。

（三）感知—运动空间训练对推理能力的影响

推理能力作为小学生数学认知的核心，涉及逻辑思维和问题解决能力。研究发现，实验组学生在比较大小任务和数字运算任务中的表现显著优于对照组。这与皮亚杰的认知发展理论相一致，表明在具体运算阶段的学生通过感知—运动空间训练可以显著提升其推理能力。研究还发现，实验组学生的推理能力提升幅度随年级的增长而增加，这可能与高年级学生的认知发展水平和已有的数学知识基础有关。这一发现也与安德森和奥斯特格伦的研究相符，他们发现，通过特定的推理任务训练，可以显著提升学生的推理能力。总体而言，本研究验证了感知—运动空间训练在提升学生推理能力方面的有效性，并且这一效果在不同年级均显著存在，尤其是低年级学生的提升效果更为明显。

（四）感知—运动空间训练对应用能力的影响

应用能力是将数学知识和技能应用于实际问题的能力。本研究发现，实验组学生在问题解决任务中的表现显著优于对照组，且后测得分显著高于前测。这与李皓的研究相一致，他指出，通过特定的数学训练，可以显著提升学生的数学应用能力。此外，比尔特等人以农村小学生为实验对象开展了感知—运动空间训练实验，研究发现基于具身经验的空间训练可以有效提升学生的问题解决能力（Burte et al.,

2017）。研究还发现，高年级学生的应用能力较强，但实验组的提升幅度在不同年级之间没有显著差异。这可能是由于感知—运动空间训练对不同年级学生的应用能力均有显著促进作用，且各年级的提升效果较为一致。这一结果与伍德寇—乔森学业水平测试的结果相符，表明感知—运动空间训练可以在不同年级的学生中普遍适用，具有广泛的教育意义。

第五节　结论与教育建议

一、研究结论

本研究的结果显示，感知—运动空间训练对小学生的数学认知能力有显著提升作用，尤其是在数量估计、空间想象、推理和应用能力方面。这一结果与以往研究一致，进一步验证了感知—运动空间训练作为一种有效的教育干预手段的可靠性和实用性。在数量估计方面，低年级学生的提升效果更为显著，这表明在早期阶段进行感知—运动空间训练，可以更有效地提升学生的数学认知能力。空间想象能力的提升则表现为高年级学生基础较强，但低年级学生的训练效果更为明显，说明感知—运动空间训练在不同年级均有显著效果。推理能力和应用能力的提升则表现在各年级均有显著效果，且低年级学生的提升幅度较大，这表明感知—运动空间训练可以通过多种任务类型，全面提升学生的数学认知能力。

二、教育建议

（一）早期介入

在学生早期教育阶段引入感知—运动空间训练，可以最大限度地提升学生的数学认知能力。研究表明，低年级学生在数量估计和空间想象任务中的提升幅度更大，这与发展心理学理论一致。皮亚杰的认知发展理论认为，低年级学生处于具体运算阶段，容易通过具体的感知—运动空间训练提升认知能力。早期介入的训练不仅有助于提高学生的数学基础能力，还能为其未来的学习打下坚实的基础。

（二）多样化任务设计

感知—运动空间训练应包含多种任务类型，如数量估计、空间想象、推理和应用任务，以全面提升学生的数学认知能力。不同任务类型的组合可以增强训练效果，使学生在多方面受益。乌塔尔等人的研究表明，通过多种形式的空间训练，学生的空间技能可以显著提升（Uttal et al., 2013）。本研究也验证了这一点，建议教育工作者在设计感知—运动空间训练时，考虑任务的多样性，以最大限度地发挥训练的综合效果。

（三）持续性训练

感知—运动空间训练应具有持续性，而不仅仅是短期干预。长期的训练可以帮助学生巩固所学，提高数学认知能力的持久性和稳定性。李皓的研究指出，持续性的数学训练对学生的数学技能有更为显著的提升效果（李皓，2006）。因此，建议在学校课程中系统性地引入感知—运动空间训练，并进行长期的规划和实施，以确保学生能从中获得持续的认知提升。

（四）个性化训练

根据学生的个体差异进行个性化的感知—运动空间训练，可以更有效地提升其数学认知能力。研究发现，低年级学生的提升幅度较高年级更大，这表明不同年级的学生在接受同样的训练时，效果会有所不同。因此，建议教育工作者根据学生的年级和认知发展水平，设计适合其发展的训练任务，以最大限度地发挥训练效果。图列尔和叶戈津的研究也支持这一点，认为个性化的空间训练对学生的认知发展具有重要作用（Tzuriel & Egozi，2010）。

（五）家校合作

家长在学生的感知—运动空间训练中也可以发挥重要作用。家校合作，通过家庭教育和学校教育相结合，可以更全面地支持学生的认知发展。研究表明，家庭环境对学生的认知能力发展有重要影响。因此，建议学校与家长合作，共同设计和实施感知—运动空间训练计划，探索更多智能化的、不同任务组合的最佳训练方案，使学生在校内外都能获得持续的支持和训练。

三、研究局限性和未来研究方向

首先，本研究的样本仅限于湖州市的小学，样本代表性有限。未来研究应扩大样本范围，包含更多地区和学校，以提高研究结果的普适性。样本的多样性可以帮助更全面地理解感知—运动空间训练对不同背景学生的影响，并探索不同文化背景对训练效果的潜在影响。

其次，本研究主要关注短期效果，未来研究可以设计长期跟踪实验，探讨感知—运动空间训练对学生数学认知能力的长期影响。长期效果的研究可以帮助了解训练的持久性和稳定性，为教育实践提供更为全面的指导。

本研究通过实验证明，感知—运动空间训练对小学二年级至五年级学生的数学认知能力有显著提升作用。具体表现为数量估计、空间想象、推理和应用能力的全面提升。研究结果为教育工作者提供了新的教学策略和方法，有助于提高学生的数学基础能力和综合素质。未来的研究应进一步探索感知—运动空间训练的长期效果和优化方法，以便更好地服务于教育实践。

参考文献

[1] 李皓. 小学生数学技能的测评研究 [J]. 教育测量与评估，2006，23（3）：45-51.

[2] 张厚粲. 瑞文推理测验在中国的适用性研究 [J]. 心理学报，1989，21（1）：1-10.

[3] 周步成. 心理健康诊断测验 [M]. 上海：华东师范大学出版社，1991.

[4] ANDRES M，OLIVIER E，BADETS A. Actions，words，and numbers：a motor contribution to semantic processing?[J]. Current Directions in Psychological Science，2008，17（5）：313-317.

[5] ANDERSSON U，ÖSTERGREN R. Number magnitude processing and basic cognitive functions in children with mathematical learning disabilities[J]. Learning and Individual Differences，2012，22（6）：701-714.

[6] BURTE H，GARDONY A L，HUTTON A，et al. Think3d!：Improving mathematics learning through embodied spatial training[J]. Cognitive Research：Principles and Implications，2017，2：1-18.

[7] BUTTERWORTH B. A head for figures[J]. Science, 1999, 284（5416）: 928-929.

[8] DE HEVIA M D, SPELKE E S. Spontaneous mapping of number and space in adults and young children[J]. Cognition, 2009, 110（2）: 198-207.

[9] DEHAENE S. The neural basis of the Weber-Fechner law: a logarithmic mental number line[J]. Trends in Cognitive Sciences, 2003, 7（4）: 145-147.

[10] DOMAHS F, MOELLER K, HUBER S, et al. Embodied numerosity: implicit hand-based representations influence symbolic number processing across cultures[J]. Cognition, 2010, 116（2）: 251-266.

[11] FEIGENSON L, DEHAENE S, SPELKE E. Core systems of number[J]. Trends in Cognitive Sciences, 2004, 8（7）: 307-314.

[12] FISCHER U, MOELLER K, BIENTZLE M, et al. Sensori-motor spatial training of number magnitude representation[J]. Psychonomic Bulletin & Review, 2011, 18（1）: 177-183.

[13] FISCHER U, MOELLER K, CLASS F, et al. Dancing with the SNARC: measuring spatial-numerical associations on a digital dance mat[J]. Canadian Journal of Experimental Psychology, 2016, 70（4）: 306-315.

[14] FISCHER U, MOELLER K, HUBER S, et al. Full-body movement in numerical trainings: a pilot study with an interactive whiteboard[J]. International Journal of Serious Games, 2015, 2（4）: 23-35.

[15] HALBERDA J, MAZZOCCO M M, FEIGENSON L. Individual differences in non-verbal number acuity correlate with maths achievement[J]. Nature, 2008, 455（7215）: 665-668.

[16] HARTMANN M, FARKAS R, MAST F W. Self-motion perception influences number processing: evidence from a parity task[J]. Cognitive Processing, 2012, 13: 189-192.

[17] HARTMANN M, GRABHERR L, MAST F W. Moving along the mental number line: interactions between whole-body motion and numerical cognition[J]. Journal of Experimental Psychology: Human Perception and Performance, 2012, 38（6）:

1416.

[18] HUBBARD E M, PIAZZA M, PINEL P, et al. Interactions between number and space in parietal cortex[J]. Nature Reviews Neuroscience, 2005, 6(6): 435-448.

[19] LINDEMANN O, ALIPOUR A, FISCHER M H. Finger counting habits in middle eastern and western individuals: an online survey[J]. Journal of Cross-Cultural Psychology, 2011, 42(4): 566-578.

[20] LINK T, MOELLER K, HUBER S, et al. Walk the number line – an embodied training of numerical concepts[J]. Trends in Neuroscience and Education, 2013, 2(2): 74-84.

[21] MIX K S, HUTTENLOCHER J, LEVINE S C. Quantitative development in infancy and early childhood[M]. Oxford: Oxford University Press, 2002.

[22] MOELLER K, FISCHER U, LINK T, et al. Learning and development of embodied numerosity[J]. Cognitive Processing, 2012, 13(Suppl 1): S271-274.

[23] MUNDY E, GILMORE C K. Children's mapping between symbolic and nonsymbolic representations of number[J]. Journal of Experimental Child Psychology, 2009, 103(4): 490-502.

[24] NINAUS M, KIILI K, MCMULLEN J, et al. Assessing fraction knowledge by a digital game[J]. Computers in Human Behavior, 2017, 70: 197-206.

[25] PINEL P, PIAZZA M, LE BIHAN D, et al. Distributed and overlapping cerebral representations of number, size, and luminance during comparative judgments[J]. Neuron, 2004, 41(6): 983-993.

[26] RAMANI G B, SIEGLER R S. Promoting broad and stable improvements in low-income children's numerical knowledge through playing number board games[J]. Child Development, 2008, 79(2): 375-394.

[27] RAMANI G B, SIEGLER R S. Reducing the gap in numerical knowledge between low-and middle-income preschoolers[J]. Journal of Applied Developmental Psychology, 2011, 32(3): 146-159.

[28] TZURIEL D, EGOZI G. Gender differences in spatial ability of young children:

the effects of training and processing strategies[J]. Child Development, 2010, 81(5): 1417-1430.

[29] UMILTÀ C, PRIFTIS K, ZORZI M. The spatial representation of numbers: evidence from neglect and pseudoneglect[J]. Experimental Brain Research, 2009, 192: 561-569.

[30] UTTAL D H, MEADOW N G, TIPTON E, et al. The malleability of spatial skills: a meta-analysis of training studies[J]. Psychological Bulletin, 2013, 139(2): 352-402.

[31] WILSON M. Six views of embodied cognition[J]. Psychonomic Bulletin & Review, 2002, 9: 625-636.

Chapter 7
第七章

感知—运动空间训练对数学学习困难儿童数学认知能力提升的实验研究

第一节 学习困难与数学学习困难

学习困难（Learning Difficulties，简称LD），又称学习障碍、学业不良，是指个体在一种甚至两种及以上心理加工过程中与正常儿童存在显著差异，这些基本的心理加工过程有利于对语言的理解和使用，这些过程中的障碍通常会导致个人的听觉、思维水平、阅读理解、写作、拼写、估算及计算等方面的表现显著差于正常儿童（左志宏，2006）。学习困难通常包括知觉障碍、脑组织损伤、轻度脑功能障碍、诵读理解能力障碍及发展性失语（郭丽丽，2009），但并不包括由视觉、听觉或运动障碍、智力障碍、情绪消极或环境、文化和经济上的劣势等外界影响因素所导致的学习障碍（Lerner，2000；陈瑾，2009）。

学界普遍认可的是钟启泉对学习困难的界定，即学生的智力水平正常，由于各种因素，其学业成绩并没有达到与其智力水平相当的水平，但这种学习上的困难是可以改善的，通过相关的训练、教育是可以发生变化的。对学习困难最常见的分类是依据学习困难发生的领域，把学习困难分为阅读困难（Reading Difficulties，简称 RD）、书写困难、数学学习困难（Mathematics Learning Difficulties，简称 MLD）等。其中，学习困难主要集中在阅读困难和数学学习困难两大类。

数学学习困难，又称数学困难（Mathematics Difficulties）（Gersten et al.，2005；Hanich et al.，2001）、数学障碍（Mathematical Disabilities）（Berch，2005；Geary，1993）。目前，数学学习困难尚没有统一的界定。其中，有代表性的定义有：

美国精神障碍诊断与统计操作手册第四版（DSM-IV，1994）：标准化个别测验所得的数学成绩明显低于针对年龄、智力检查和与年龄相适应的教育的评估水平。障碍显著影响了学业成绩或要求运用数学能力的日常生活；如果其存在感觉缺陷，则数学困难的程度通常超过有这种缺陷的人。

世界卫生组织（WHO，1992）：根据个别施测的标准化数学测验进行评估，学生的数学能力显著低于其年龄、综合智力和所在年级的应有水平；阅读和拼写能力在正常的范围之内；数学困难不是因为明显的教育不当，不是因为视觉、听觉或神经功能缺陷，也不是出于神经科、精神科或其他障碍的继发现象（王喜军，2006）。

在学龄期儿童群体中，数学学习困难的检出率达6%~11%（Mazzocco & Mayers, 2003; Ramaa & Gowramma, 2002），与阅读困难的检出率6%~9%基本持平（Badian, 1999）。考虑到"障碍"一类的词语不适合评价能力处于动态发展变化之中的小学生群体，所以将涉及数学能力损伤而导致数学学习上的落后统称为"数学学习困难"。

与学习困难的界定一脉相承，数学学习困难可以界定为智商水平处于中上水平，各感官功能正常，接受充分的后天教育，阅读理解能力、学习动机水平、情感发展和其他各方面发展都表现正常，但数学技能方面表现缺陷，且这种缺陷可以通过后期的教育和干预获得改善（康丹，2014）。

第二节　数学学习困难的鉴别

相应地，数学学习困难的鉴别标准和模式也未能统一。

常见的鉴别标准有如下两种。第一种是依据美国精神障碍诊断和统计手册（DSM-IV, 1994）、国际疾病诊断和分类标准（ICD-10, 1994）和中国精神障碍分类与诊断标准（CCMD-3, 2000）对数学学习困难设置的四个标准：①症状标准：因基本运算和推理障碍，使接受正常教育的儿童在标准化数学测验上的成绩明显低于同年龄儿童或明显低于智力潜能的期望水平；②严重度标准：严重影响与计算能力有关的课程学习成绩和日常活动；③持续性标准：计算困难发生在学龄早期并持续存在；④排除标准：不是教育不当、智力迟滞、神经系统疾病、广泛发育障碍、感知觉障碍和其他障碍的直接后果，但可以与其他障碍并存（陶金花 等，2006）。

第二种是美国学习障碍联合委员会（NJCLD，1988）设置的三个诊断标准：①纳入：标准化数学测验分数显著低于正常水平；②排除：学习困难不是其他感官问题、智力发展落后或文化差异等原因造成；③需求：需要接受特殊教育帮助。

常见的鉴别模式有如下三种：

第一种是能力—成绩差异模式。该模式通过比较实际成绩与根据潜在能力（通常用智力来代替）所期望达到的学业成绩之间的差异作为衡量学习困难的核心指标。一般筛选步骤是：①对备选被试进行瑞文智力测验，剔除智力落后（IQ ≤ 70）和智力超常（IQ ≥ 130）的儿童，同时排除有明显躯体和精神疾病者；②智力测验一般选用瑞文智力测验分数，数学学绩测验一般使用最近正式大型数学考试成绩。将智力测验和学绩测验的原始分数转化为标准分，加以比较；③让任教的数学老师和班主任根据数学困难学生的定义对备选被试加以判断，选出他们认为是数学困难的学生（陈英和 等，2004；刘昌，2004；林泳海，金莉，2006）。

第二种是切截分数模式。该模式是通过人为界定一个百分比，如果个体成绩低于标准数学测验分数给定的百分比，即界定为数学学习困难（Geary et al., 2000；Jordan et al., 2003）。一般筛选步骤是：标准数学测验中，数学分数低于整体的25%；语文成绩处于中等以上水平；标准智力测验的分数大于80，即智力正常；且无明显的感官缺陷和情绪障碍（宛燕 等，2007；王恩国，刘昌，2005）。

第三种是以临床诊断为核心的筛选模式。该模式以学生在具体学习活动中的学习行为表现为核心进行分析诊断。一般筛选步骤是：首先由班主任和任课老师根据数学学习困难的定义对学生进行学业成绩、品德操行各方面的相关评定，选出数学困难而阅读正常的儿童；然后对其进行智力判断，排除智力缺陷；最后与班主任及学生本人进行座谈了解学习动机、情绪表现及家庭情况，排除因相关原因导致的数学学习困难（刘昌，2004）。

第三节　数学学习困难儿童筛选的流程与方法

综合数学学习困难的界定、鉴别标准与模式，本研究采用以临床诊断为核心的筛选模式。第一步：确认数学学习困难。通过数学能力测试筛选出数学能力测试处于年级后25%的小学生。第二步，排除智力缺陷和阅读困难，即通过瑞文标准智力测验，排除瑞文标准智力测验得分低于25%的小学生（叶晓林，2018），同时排除阅读理解测验标准分低于总体平均分1个标准差的小学生。第三步，排除学习动机的影响，即通过学习动机诊断测验，排除得分的标准分低于总体平均分1个标准差的儿童，最终筛选出数学学习困难儿童。

主试为湖州某高校研究生二年级和三年级的学生。测验前所有实验主试均接受测试相关培训，掌握数学能力测试、瑞文标准智力测验、阅读理解测验、学习动机诊断测验等的测试方法，通过上述测验筛选出实验组的数学学习困难儿童和对照组的数学学习正常儿童。以班级为单位进行测试，考虑到测试的时间不宜过长，四项测试分两次进行。第一次为数学能力测试、阅读理解测验、学习动机诊断测验；第二次单独进行一次瑞文标准智力测验。

在具体测试实施中，数学认知能力测试、瑞文标准智力测验、学习动机诊断测验与第六章所有小学生的前测合并开展，方法详见第六章。具体而言，首先，在所有测试的基础上，筛选出数学能力处于后25%的小学生；其次，从被筛选出的25%小学生中，剔除瑞文标准智力测验低于25%的小学生；再次，在剩余的小学生中，剔除阅读理解测验得分的标准分低于总体平均分1个标准差的小学生；最后，在剩余的小学生中，剔除学习动机诊断测验得分的标准分低于总体平均分1个标准差的小学生。

用于数学学习困难儿童筛选的阅读理解测验信息补充如下：

该测验选自于薛锦和舒华（2008）的研究，共72道题，题目均为一个短句，要求小学生快速阅读、理解短句的意思，并做出正误判断。该测验考查的是被试对句子的快速阅读理解能力，可用于排除阅读理解能力低下导致的数学学习困难。测试采用总分制，总成绩为规定时间内答对题目数量之和。

测试流程如下：首先，让被试坐在课桌前。其次，由实验主试向通过数学能力测试筛选出的后25%的小学生做讲解指导语："请你认真读题，并且快速完成句子判断。句子判断的具体内容都是生活中的常识问题，你需要根据自己的尝试对其进行判断，正确的就在后面括号内打"√"，错误的就在后面括号内打"×"，不会的画"○"。你一共有三分钟（三年级）/两分钟（五年级）做题，速度要快，时间一到，立刻停笔。明白了吗？"待被试理解指导语后，方可开始测试。由主试分发试卷并准确计时，到规定时间要求学生立即停止答题，测试结束，由主试统一收回答卷。

第四节 数学学习困难儿童筛选的结果与训练方法

通过筛选，最终从997名学生中筛查出数学学习困难（以下简称"数困实验组"）儿童91人，这91名学生均没有参与普通儿童的训练实验，详细检出情况见表7-1。

表7-1 数学学习困难儿童的检出情况表

年级	检出人数	男	女	检出率（%）
二年级（284人）	25	14	11	8.80
三年级（298人）	26	14	12	8.70
四年级（244人）	23	11	12	9.40
五年级（171人）	17	7	10	9.94
合计	91	46	45	9.13

由对数学学习困难儿童的界定和诊断标准分析可知，数学学习困难儿童最主要的特点是智力和学习动机正常，没有器质性病变，不存在阅读困难，但是数学能力落后于同龄人。因此，为了改善数学学习困难儿童的数学认知能力，同样可尝试借助感知—运动空间训练，改

善其数学认知能力。为检验感知—运动空间训练对数学学习困难儿童的数学认知能力改善的作用，研究将 91 名数学学习困难儿童按年级随机分为数困实验组和对照组，开展实验。对数学学习困难实验组儿童的训练方法与第六章实验组儿童的训练方案相同。详细见第六章第二节"研究工具与训练方法"。

第五节　研究结果

一、数量估计能力

为验证感知—运动空间训练对数学学习困难小学生数学认知能力改善的效果，同时，排除小学生原有智力水平、学习动机、已有数学水平、性别等多种因素的影响，与第六章采用的数据处理方法一致，研究运用 SPSS 27.0 对四个数字数量估计任务正确反应的反应时进行统计分析，具体方法有描述性统计、重复测量方差分析、协方差分析等。协方差分析检验发现，针对学习动机测验（$F = 1.000, p > 0.050$）、智力水平（$F = 0.790, p > 0.050$）、已有数学水平（$F = 1.090, p > 0.050$）和不同性别（$F = 0.880, p > 0.050$），数困实验组和对照组小学生均无明显差异。因此后续的比较将不再考虑这些因素的影响。

（一）点阵比较任务

对数困实验组和对照组小学生点阵比较任务的反应时进行 2（组别：数困实验组 vs. 对照组）×2（时间：前测 vs. 后测）×4（年级：二年

级 vs. 三年级 vs. 四年级 vs. 五年级）重复测量方差分析，其中，被试内变量为测试时间，被试间变量为组别和年级，以点阵比较任务的正确反应的反应时为因变量。结果见表 7-2。

表 7-2　点阵比较任务数困实验组、对照组前测—后测的反应时

年级	组别	前测 RT（$M \pm SD$）	后测 RT（$M \pm SD$）
二年级	数困实验组	818.65 ± 50.69	711.19 ± 46.26
	对照组	819.46 ± 50.69	815.68 ± 46.26
三年级	数困实验组	804.63 ± 52.09	627.16 ± 46.73
	对照组	813.31 ± 49.14	805.29 ± 45.43
四年级	数困实验组	785.26 ± 50.38	680.27 ± 46.08
	对照组	781.26 ± 50.38	782.86 ± 46.08
五年级	数困实验组	738.48 ± 47.22	559.11 ± 44.34
	对照组	715.63 ± 52.73	695.90 ± 47.08

重复测量方差分析结果显示，时间主效应显著（$F = 263.720$，$p < 0.001$），后测的反应时显著小于前测。组别主效应显著（$F = 168.240$，$p < 0.001$），数困实验组反应时小于对照组。年级主效应不显著（$F = 83.810$，$p = 0.061$），不同年级之间差异不显著，说明数学学习困难儿童的数字认知能力并不会随着年龄的增长自然获得改善。

时间和组别的交互效应显著（$F = 149.600$，$p = 0.002$），数困实验组和对照组在前测和后测之间的表现改善程度存在显著差异，数困实验组的表现改善幅度明显，但对照组没有改善。时间和年级的交互效应显著（$F = 0.900$，$p = 0.443$），不同年级在前测和后测的反应时变化不同，年级越低，改善越明显。组别和年级的交互效应不显著

（$F = 0.900$，$p = 0.443$），数困实验组和对照组在不同年级的反应时差异不大。时间、组别和年级的三重交互效应显著（$F = 3.600$，$p = 0.050$），数困实验组和对照组在不同年级的前测和后测反应时变化存在差异，年级越低，改善效果越好。

这些结果表明，数困实验组在干预后得到显著改善，且二年级数困实验组改善效果最好。

（二）数字比较任务结果

同样，对数困实验组和对照组小学生数字比较任务的反应时进行2（组别：数困实验组 vs. 对照组）×2（时间：前测 vs. 后测）×4（年级：二年级 vs. 三年级 vs. 四年级 vs. 五年级）重复测量方差分析。其中，被试内变量为测试时间，被试间变量为组别和年级，以数字比较任务的正确反应的反应时为因变量。结果见表7-3。

表7-3 数字比较任务数困实验组、对照组前测—后测的反应时

年级	组别	前测 RT（$M \pm SD$）	后测 RT（$M \pm SD$）
二年级	数困实验组	766.92 ± 50.00	672.89 ± 50.13
	对照组	768.29 ± 48.30	767.63 ± 48.26
三年级	数困实验组	734.72 ± 51.31	658.50 ± 51.42
	对照组	738.73 ± 49.94	735.80 ± 49.76
四年级	数困实验组	712.84 ± 45.04	650.79 ± 45.39
	对照组	711.45 ± 51.07	710.84 ± 51.38
五年级	数困实验组	715.44 ± 47.80	645.61 ± 47.65
	对照组	702.02 ± 52.62	689.68 ± 52.76

重复测量方差分析结果显示，时间主效应显著（$F = 4.020$，$p < 0.001$），后测的反应时间显著低于前测。组别主效应显著（$F = 8.450$，$p < 0.001$），数困实验组的反应时小于对照组。年级主效应显著（$F = 1.440$，$p < 0.001$），完成数字比较任务的反应时随着年级的增长而减少。

时间和组别的交互效应显著（$F = 3.480$，$p < 0.001$），表明数困实验组和对照组在前测和后测之间的变化模式不同，数困实验组有显著改善，对照组没有改善。时间和年级的交互效应不显著（$F = 2.850$，$p < 0.001$），表明不同年级的学生在前测和后测之间的变化模式不同。组别和年级的交互效应显著（$F = 4.000$，$p < 0.001$），表明不同年级的数困实验组和对照组之间的变化不同。时间、组别和年级的三重交互效应显著（$F = 0.630$，$p = 0.600$），说明数困实验组和对照组在不同年级的前测和后测中的反应时变化模式不同。

这些结果表明，数困训练对数困实验组在数字比较任务中的反应时有显著改善效果，且这种效果在不同年级和测试时间下有所不同。

（三）数字点阵匹配任务结果

与点阵比较和数字比较任务相同，对数困实验组和对照组小学生数字点阵匹配任务的反应时进行 2（组别：数困实验组 vs. 对照组）×2（测试时间：前测 vs. 后测）×4（年级：二年级 vs. 三年级 vs. 四年级 vs. 五年级）重复测量方差分析。其中，被试内变量为测试时间，被试间变量为组别和年级，以数字点阵匹配任务的正确反应的反应时为因变量。结果见表 7-4。

表 7-4 数字点阵匹配任务数困实验组、对照组前测—后测的反应时

年级	组别	前测 RT（$M \pm SD$）	后测 RT（$M \pm SD$）
二年级	数困实验组	841.82 ± 55.53	779.88 ± 55.15
	对照组	836.80 ± 53.16	832.58 ± 53.62
三年级	数困实验组	846.69 ± 55.30	770.47 ± 55.13
	对照组	830.97 ± 53.24	838.01 ± 53.57
四年级	数困实验组	834.14 ± 50.37	777.17 ± 50.09
	对照组	835.42 ± 53.02	834.93 ± 53.72
五年级	数困实验组	833.87 ± 53.81	781.06 ± 53.06
	对照组	833.37 ± 55.16	819.46 ± 55.92

重复测量方差分析结果显示，时间主效应显著（$F = 25.110$，$p < 0.001$），后测的反应时显著低于前测。组别主效应显著（$F = 26.290$，$p < 0.001$），数困实验组的反应时小于对照组。年级主效应不显著（$F = 0.590$，$p = 0.620$）。时间和组别的交互效应显著（$F = 34.860$，$p < 0.001$），表明数困实验组和对照组在前测和后测之间的变化模式不同，数困实验组有显著改善，对照组没有改善。时间和年级的交互效应不显著（$F = 1.860$，$p = 0.140$），表明不同年级的学生在前测和后测之间的变化模式相似。组别和年级的交互效应不显著（$F = 1.460$，$p = 0.180$），不同年级的数困实验组和对照组之间的表现不存在差异。时间、组别和年级的三重交互效应不显著（$F = 0.630$，$p = 0.600$），说明数困实验组和对照组在不同年级的前测和后测中的反应时变化模式没有显著差异。

这些结果表明，数困实验组的训练对数困实验组学生完成数字点

阵匹配任务的反应时有显著的改善效果，且这种效果在前测和后测中体现明显，但在不同年级之间的差异不大。

（四）感数任务结果

与上述三个任务相同，对数困实验组和对照组小学生感数任务的反应时进行2（组别：数困实验组 vs. 对照组）×2（测试时间：前测 vs. 后测）×4（年级：二年级 vs. 三年级 vs. 四年级 vs. 五年级）重复测量方差分析。其中，被试内变量为测试时间，被试间变量为组别和年级，以感数任务的正确反应的反应时为因变量。结果见表7-5。

表7-5 感数任务数困实验组、对照组前测—后测的反应时

年级	组别	前测 RT（$M \pm SD$）	后测 RT（$M \pm SD$）
二年级	数困实验组	568.71 ± 44.74	476.09 ± 31.12
	对照组	554.36 ± 43.79	556.06 ± 32.02
三年级	数困实验组	545.71 ± 55.56	476.62 ± 35.05
	对照组	526.68 ± 29.07	531.89 ± 42.58
四年级	数困实验组	515.07 ± 47.55	462.43 ± 37.96
	对照组	532.60 ± 41.47	529.58 ± 42.18
五年级	数困实验组	516.45 ± 35.56	488.23 ± 48.81
	对照组	528.35 ± 52.16	527.07 ± 42.94

重复测量方差分析结果显示，时间主效应显著（$F = 50.240$，$p < 0.001$），后测的反应时显著低于前测。组别主效应显著（$F = 41.770$，$p < 0.001$），数困实验组反应时整体小于对照组。年级主效应显著（$F = 15.080$，$p < 0.001$），不同年级之间的反应时存在显著差异，随着年级的增长，反应时间逐渐变小。

时间和组别的交互效应显著（$F = 54.570$，$p < 0.001$），表明数困组和对照组在前测和后测的反应时变化不同。时间和年级的交互效应显著（$F = 4.550$，$p = 0.010$），表明不同年级在前测和后测之间的改善情况不同。组别和年级的交互效应不显著（$F = 2.000$，$p < 0.110$），说明不同年级的数困实验组和对照组之间的表现差异无显著变化。时间、组别和年级的三重交互效应显著（$F = 4.060$，$p = 0.010$），表明数困实验组和对照组在不同年级的前测和后测反应时变化模式不同。

与上述三个任务的统计分析结果一致，这些结果表明，数困实验组的训练对学生的反应时改善有显著效果，且这种效果在不同年级之间有所差异。

综合四个数量估计任务发现，通过实验训练，不同年级数困实验组学生在四个任务中的后测反应时均小于前测，说明数困实验组的改善显著，证明了通过感知—运动空间训练对数学学习困难儿童数量估计的改善作用，但四个年级组的促进效果不同，年级越低，改善效果越明显。这一结果提示，对数学学习困难儿童的干预训练越早介入，效果越好。

二、空间想象能力

按照韦克斯勒个人成就测验第三版中数学能力分测验测试的计分方法，对数困实验组和对照组小学生图形与几何任务的得分的标准分数进行 2(组别：数困实验组 vs. 对照组)×2(测试时间：前测 vs. 后测)×4（年级：二年级 vs. 三年级 vs. 四年级 vs. 五年级）重复测量方差分析。其中，被试内变量为测试时间，被试间变量为组别和年级，以图形与几何任务得分的标准分数为因变量。结果见表7-6。

表7-6 数困实验组、对照组前测—后测的空间想象能力标准分数

年级	组别	前测 RT（$M \pm SD$）	后测 RT（$M \pm SD$）
二年级	数困实验组	0.63 ± 0.22	0.70 ± 0.09
	对照组	0.68 ± 0.18	0.67 ± 0.10
三年级	数困实验组	0.65 ± 0.11	0.79 ± 0.05
	对照组	0.62 ± 0.06	0.63 ± 0.14
四年级	数困实验组	0.68 ± 0.04	0.80 ± 0.06
	对照组	0.67 ± 0.09	0.70 ± 0.04
五年级	数困实验组	0.71 ± 0.03	0.83 ± 0.05
	对照组	0.69 ± 0.08	0.70 ± 0.05

重复测量方差分析结果显示，时间主效应显著（$F = 2.480$, $p = 0.013$），后测得分的标准分数高于前测。组别主效应显著（$F = 7.490$, $p < 0.001$），表明数困实验组整体得分的标准分数大于对照组。年级主效应不显著（$F = 1.220$, $p = 0.223$），表明不同年级之间的得分的标准分数不存在显著差异。结果同样证明，数学学习困难学生的空间想象能力并没有随着年级的增长得到改善。

时间和组别的交互效应显著（$F = 6.719$, $p < 0.001$），表明数困实验组和对照组在前测与后测的变化趋势不同，数困实验组在后测中的得分的标准分数改善显著高于前测，而对照组的变化不大。时间和年级的交互效应显著（$F = 3.770$, $p < 0.001$），表明不同年级在前测与后

测的反应时变化趋势不同，随着年级的增长，空间想象能力得分的标准分数改善越明显。

组别和年级的交互效应显著（$F = 7.980$，$p < 0.001$），不同年级的数困实验组和对照组之间的表现差异存在显著性，表明数困实验组和对照组在不同年级中的表现差异存在变化，尤其是年级越高的数困实验组的改善效果越明显。时间、组别和年级的三重交互效应不显著（$F = 1.300$，$p = 0.190$），表明不同年级的数困实验组与对照组在前测和后测反应时的变化趋势相似。

总体而言，这些结果表明通过实验训练，数困实验组在实验后的改善明显，而对照组没有明显变化。不同年级和组别之间的交互作用也表明了实验干预的效果在不同年级中的表现差异，改善效果随着年级的增长而增长。

三、推理能力

按照韦克斯勒个人成就测验第三版中数学能力分测验测试的计分方法，对数困实验组和对照组小学生比较大小和数字运算任务的得分转化的标准分数进行2（组别：数困实验组 vs. 对照组）×2（测试时间：前测 vs. 后测）×4（年级：二年级 vs. 三年级 vs. 四年级 vs. 五年级）重复测量方差分析。其中，被试内变量为测试时间，被试间变量为组别和年级，分别以比较大小和数字运算任务的标准分数为因变量。结果见表7-7。

表 7-7 数困实验组、对照组前测—后测的推理能力标准分数

年级	组别	比较大小		数字运算	
		前测 RT（M ± SD）	后测 RT（M ± SD）	前测 RT（M ± SD）	后测 RT（M ± SD）
二年级	数困实验组	0.79 ± 0.09	0.83 ± 0.12	0.75 ± 0.09	0.82 ± 0.06
	对照组	0.83 ± 0.10	0.83 ± 0.08	0.80 ± 0.08	0.77 ± 0.10
三年级	数困实验组	0.78 ± 0.09	0.85 ± 0.11	0.80 ± 0.08	0.83 ± 0.06
	对照组	0.79 ± 0.09	0.79 ± 0.09	0.80 ± 0.05	0.80 ± 0.05
四年级	数困实验组	0.83 ± 0.08	0.85 ± 0.09	0.70 ± 0.10	0.79 ± 0.06
	对照组	0.78 ± 0.10	0.80 ± 0.11	0.66 ± 0.10	0.66 ± 0.10
五年级	数困实验组	0.78 ± 0.08	0.83 ± 0.05	0.69 ± 0.08	0.78 ± 0.06
	对照组	0.81 ± 0.11	0.82 ± 0.06	0.73 ± 0.09	0.73 ± 0.09

比较大小任务得分的标准分数重复测量方差分析结果显示，时间主效应显著（$F = 7.540$, $p = 0.010$），后测的标准分数高于前测。组别主效应显著（$F = 4.650$, $p = 0.040$），数困实验组整体标准分数大于对照组。年级主效应显著（$F = 5.830$, $p < 0.001$），不同年级之间的标准分数存在显著差异，表明随着年级的增长，比较大小得分的标准分越高。

时间和组别的交互效应边缘显著（$F = 3.990$, $p = 0.050$），数困实验组和对照组在前测和后测之间的表现改善程度存在显著差异，表明数困实验组和对照组在前测与后测的变化趋势不同，数困实验组在后测中的标准分数改善的幅度更大。时间和年级的交互效应显著（$F = 3.990$, $p = 0.009$），表明不同年级在前测与后测的反应时变化趋势不同。组别和年级的交互效应显著（$F = 2.970$, $p = 0.040$），不同年

级的数困实验组和对照组之间的表现差异存在显著性，表明数困实验组和对照组在不同年级中的表现差异存在变化，尤其是二、三年级数困实验组表现更明显。时间、组别和年级的三重交互效应不显著（$F = 2.230$, $p = 0.090$），表明不同年级在数困实验组和对照组之间的前测和后测得分的变化趋势不存在差异。

数字运算得分的标准分数重复测量方差分析结果显示，时间主效应显著（$F = 15.230$, $p < 0.001$），后测的标准分数高于前测。组别主效应显著（$F = 12.450$, $p < 0.001$），数困实验组整体标准分数大于对照组。年级主效应显著（$F = 6.360$, $p < 0.001$），不同年级之间的标准分数存在显著差异，表明年级高低对数字运算得分的标准分数有显著影响。

时间和组别的交互效应显著（$F = 6.230$, $p < 0.013$），数困实验组和对照组在前测和后测之间的表现改善程度存在显著差异，表明数困实验组和对照组在前测与后测的变化趋势不同，数困实验组在后测中的标准分数改善的幅度更大。时间和年级的交互效应显著（$F = 3.990$, $p = 0.010$），表明不同年级在前测与后测得分的标准分数变化趋势不同，低年级的反应时改进更明显。组别和年级的交互效应不显著（$F = 2.560$, $p < 0.057$），不同年级的数困实验组和对照组之间的表现无差异。时间、组别和年级的三重交互效应不显著（$F = 1.890$, $p = 0.131$），表明不同年级在数困实验组和对照组之间的前测和后测得分变化不存在显著差异。

总体而言，对推理能力的两个测验结果得分的标准分数进行重复测量方差分析，结果表明通过实验训练，不同年级的学习在推理能力方面均有所改进，且数困实验组的改进幅度更为显著，低年级学生的推理能力整体上比高年级学生改善的效果更好。

四、应用能力

按照韦克斯勒个人成就测验第三版中数学能力分测验测试的计分方法，对数困实验组和对照组小学生问题解决的得分转化的标准分数进行 2（组别：数困实验组 vs. 对照组）× 2（测试时间：前测 vs. 后测）× 4（年级：二年级 vs. 三年级 vs. 四年级 vs. 五年级）重复测量方差分析。其中，被试内变量为测试时间，被试间变量为组别和年级，以数学问题解决的得分转化的标准分数为因变量。结果见表 7-8。

表 7-8　数困实验组、对照组前测—后测的应用能力标准分数

年级	组别	前测 RT（$M \pm SD$）	后测 RT（$M \pm SD$）
二年级	数困实验组	0.59 ± 0.09	0.61 ± 0.09
	对照组	0.59 ± 0.10	0.58 ± 0.12
三年级	数困实验组	0.62 ± 0.20	0.63 ± 0.10
	对照组	0.62 ± 0.13	0.61 ± 0.15
四年级	数困实验组	0.58 ± 0.08	0.60 ± 0.07
	对照组	0.57 ± 0.11	0.59 ± 0.10
五年级	数困实验组	0.56 ± 0.08	0.59 ± 0.06
	对照组	0.57 ± 0.10	0.57 ± 0.11

重复测量方差分析结果显示，时间主效应不显著（$F = 4.800$，$p = 0.116$），前测和后测得分的标准分数不存在差异。组别主效应不显

著（$F = 4.010$，$p = 0.910$），数困实验组和对照组之间的应用能力得分的标准分数不存在差异。年级主效应显著（$F = 2.580$，$p = 0.067$），不同年级之间的标准分数不存在差异。

时间和组别的交互效应不显著（$F = 0.010$，$p = 0.890$），数困实验组和对照组在前测到后测的应用能力得分的标准分数的变化没有差异，分别结合时间主效应和组别主效应的检验结果，可以看出训练实验对数困实验组学生的改善作用不明显。时间和年级的交互效应不显著（$F = 1.330$，$p = 0.298$），结合年级主效应不显著的结果，表明不同年级在前测与后测的得分均没有变化。组别和年级的交互效应不显著（$F = 0.020$，$p = 0.960$），数困实验组和对照组在不同年级之间的应用能力没有变化。时间、组别和年级的三重交互效应不显著（$F = 0.020$，$p = 0.980$），说明不同年级的数困实验组和对照组在前测到后测的应用能力得分的标准分数没有差异。

总体而言，重复测量方差分析结果表明，时间、组别和年级的主效应和交互效应均不显著。这些结果表明实验训练对数学学习困难儿童组应用能力的改善效果不佳。这一结果提示，感知—运动空间训练虽然能有效提升小学生，尤其是低年级小学生的应用能力，但是对数学学习困难小学生的改善似乎没有作用，应该探索更有针对性的、可以用于改善数学学习困难学生的应用能力的有效训练方法。

第六节　分析与讨论

一、实验总体情况

数学学习困难是指在数学能力上表现出显著落后的学生群体，尽管他们在其他认知领域中表现正常或优秀（Gersten et al.，2005）。这些儿童在数学学习过程中面临挑战，例如基本运算和推理能力低下，从而导致在数学成就测试中成绩显著低于同龄学生（Geary，1993）。数学学习困难儿童智力正常，接受了充分的教育，但数学成绩显著低于预期水平（DSM-IV，1994）。这种困难可以通过后期教育和干预改善。

本研究设计的感知—运动空间训练是一种综合训练方法，通过多感官协调训练，提升儿童的空间表征，从而间接改善其数学认知能力（康丹，2014）。已有研究表明，类似的训练对发展儿童的数学能力具有积极作用（郭丽丽，2009）。但以往研究中鲜有研究探讨对数学学习困难儿童的干预效果。

研究选取浙江省湖州市某集团小学二至五年级的所有学生进行测试，根据数学学习困难的定义和筛选标准，采用以临床诊断为核心的筛选模式，筛选出数学能力处于年级后25%的小学生，排除智力缺陷和阅读困难，排除学习动机低下的儿童，最终筛选出数学学习困难儿童，共91人，并按年级随机分为实验组和对照组。实验组接受感知—运动空间训练，对照组不进行任何干预。实验组采用感知—运动空间训练，训练周期为8周，每周2次，每次40分钟。

通过实验组、对照组前测后测实验设计，对干预效果进行检验。

结果发现，整体而言，数学学习困难组儿童的数量估计能力、空间想象能力和推理能力均有明显改善，对照组没有改善。但与预期不一致的是，应用能力的时间、组别和年级的主效应和交互效应均不显著，表明感知—运动空间训练对应用能力的改善效果不明显。干预研究的结果进一步验证了感知—运动空间训练作为一种对数学学习困难儿童数学认知能力提升的干预手段的有效性和局限性。

二、感知—运动空间训练对数学学习困难儿童数学认知能力改善的效果

以往的同类研究中，缺乏探讨感知—运动空间训练或具身训练对数学学习困难儿童的数学学习能力提升效果的研究，因此，本研究的意义在于拓展了感知—运动训练对数学学习困难儿童数学能力提升的作用。研究结果证实，基于具身数字认知和具身数学认知的理论和研究证据，开发的系列感知—运动空间训练除了可以提升正常儿童的数学能力，同样有助于对数学学习困难儿童的数学能力提升。

（一）数量估计能力的改善

数量估计能力是数学认知的基础，直接影响到儿童对数学概念的理解和应用。研究结果显示，感知—运动空间训练显著改善了数学学习困难儿童在数量估计任务中的表现。这一结果拓展了感知—运动空间训练的适用对象。以往使用同类训练的研究主要集中在正常儿童或者低收入儿童。例如，西格勒（Siegler，2004）以及拉马尼和西格勒（Ramani & Siegler，2008）分别使用了数字棋盘游戏训练，提升了正常儿童和低收入儿童的数量估计能力和数学能力；费希尔等人（Fischer et al., 2011）与拉马尼和西格勒（Ramani & Siegler，2009）分别使用数字跳舞毯训练也提升了正常儿童和低收入儿童的数量估计能力和数学能力。说明感知—运动空间训练不仅可以提升普通儿童的数量估计能力以及数学能力，也可以提升数学学习困难儿童的数量估计能力与吉尔里等人（Geary et al.，2000）对数学学习困难儿童的研究相似，这些训练在低年级的实验组儿童中的改善效果尤为显著。这可能是因为低年级儿童的认知灵活性较高，更容易通过训练获得进步。

此外，数量估计能力的提升还可能对数学学习困难儿童的其他数学技能产生积极影响。例如，数量估计能力的提高可以帮助儿童更好地理解数值关系和运算过程，从而在更复杂的数学问题中表现更好。通过这种方式，感知—运动空间训练不仅直接改善了数学学习困难儿童的数量估计能力，还为他们整体数学认知能力的提升奠定了基础。

（二）空间想象能力的改善

空间想象能力是数学学习的重要组成部分，涉及对形状、位置和空间关系的理解。研究发现，实验组在空间想象任务中的表现显著优于对照组，且这种改善在各个年级中都有体现。海尼希等人（Hanich et al.，2001）的研究推测，视觉空间能力的改善有利于改善儿童的数学能力。比尔特等人（Burte et al.，2017）的研究也证实了具身的空间训练对儿童，尤其是高年级儿童的空间思维能力有促进作用，进而对他们的数学能力提升有积极作用。

空间想象能力的提升可能源于感知—运动空间训练对视觉空间处理和数字空间表征的强化。例如，通过追踪运动物体或进行拼图活动等其他空间训练，儿童也可以在实际操作中加深对空间关系的理解。

这不仅有助于改善他们在数学课堂上的表现，还能提高他们在日常生活中的空间认知能力。

特别值得注意的是，高年级儿童在空间想象能力上的改善幅度更大。这可能是因为高年级儿童的抽象思维能力较强，能够更好地将训练中的具体操作转化为抽象的空间概念。因此，在设计训练方案时，应根据不同年级儿童的认知特点进行针对性调整，以实现最大化的训练效果。

（三）推理能力的改善

推理能力是数学认知能力和数学思维的核心。研究结果显示，感知—运动空间训练显著改善了实验组儿童在推理任务中的表现。这一结果与西格勒等人（Siegler et al., 2009）的研究一致，他们认为通过系统的感知—运动空间训练，可以有效提升儿童的逻辑推理能力。

在推理任务中，实验组儿童在前测和后测中的标准分数均有显著提高，尤其是在低年级儿童中表现尤为突出。这表明，感知—运动空间训练不仅能加强儿童的基本推理能力，还能增强他们在解决复杂数学问题时的信心和提高效率。

推理能力的提升对儿童的整体数学学习具有重要意义。例如，通过增强推理能力，儿童可以更好地理解数学定理和公式，并能够灵活运用这些知识解决问题。这不仅有助于他们在数学考试中的表现，还能增强他们在实际生活中解决问题的能力。

（四）应用能力的改善效果不显著

尽管感知—运动空间训练在数量估计、空间想象和推理能力方面取得了显著效果，但在应用能力方面的改善效果不显著。这一结果与布朗等人（Brown et al., 2011）对正常幼儿的训练研究结果相似，他们发现，应用能力的提升可能需要更长时间的训练和更具体的指导。应用能力涉及将数学知识应用到实际问题中的能力。研究结果显示，实验组和对照组在应用任务中的表现没有显著差异，这表明当前的感知—运动空间训练方案可能不足以全面提升儿童的应用能力。

这一结果提示，未来的研究和实践应考虑以下几个方面：如考虑增加训练的时间和频率，确保数学学习困难儿童有足够的时间将所学知识内化为应用能力；拓展训练的内容，通过感知—运动空间训练，增强儿童对于数学概念的感知—运动经验，这种训练对于与数量感知、数学加工以及数字的空间表征能力等有更直接关系的数量估计、空间想象和推理能力的改善作用明显。但对于数学问题的综合应用作用有限，因此应该考虑在感知—运动空间训练的基础上，增加更直接的问题解决的练习，尤其是应该根据数学学习困难儿童的个体差异和具体需求，提供个性化的训练和辅导，帮助他们将数学知识灵活应用到实际情境中，改善他们的应用能力。

三、研究的局限与未来研究方向

本研究存在以下局限性：首先，样本量偏少：虽然研究结果显示感知—运动空间训练对数学学习困难儿童具有显著效果，但由于浙江省基础教育较为发达，在大范围施测后，筛选出的数学学习困难学生的数量较少，每个年级不到30人。为了研究的需要，在设置实验组和对照组后，实验组的样本量变得更少，导致结果的普适性可能受到限制。未来研究应扩充样本，尤其是增加研究样本的数量和多样性，包括不同地区和不同背景的学生，以提高研究结果的普适性和外部效度。

其次，训练和评价时间较短。研究的训练周期为8周，在训练后进行后测，导致训练时间和评估测试效果的间隔时间相对较短，长期效果尚未得到验证。为了更充分地评估感知—运动空间训练对数学学习困难儿童的数学能力提升的效果，应考虑一方面延长训练周期，另一方面增加对训练的长期效果的评价。在未来的研究中，将延长感知—运动空间训练的周期，观察训练对数学认知能力的长期效果。此外，可以进行跟踪研究，了解训练效果的持久性。

再次，训练任务种类有限。研究仅采用了四种基于数字—空间表征的感知—运动经验训练任务，对普通学生的数学认知能力而言具有有效的提升作用。对于数学学习困难学生而言，个别作用不明显，这可能与数学学习困难学生本身的认知缺陷有关，也可能与研究样本量和研究的周期性等的局限性有关，未来可以尝试在现有训练的基础上，增加更多种类的、与数学认知能力有关的领域的一般认知训练任务，如记忆训练、注意力训练等，以更有效地改善数学学习困难儿童的数学认知能力。

除此之外，还应探索将感知—运动空间训练与其他认知训练方法结合使用，如脑功能训练、根据不同年级和不同个体的具体需求，制定个性化的训练方案，提高训练的针对性和有效性。

第七节　教育启示

基于本研究的结果，提出以下教育建议，以有效应对数学学习困难儿童的教育需求。

一、早期干预

早期干预对于数学学习困难儿童尤为重要。研究表明，早期的教育干预能够显著改善儿童的数学认知能力，防止错过最佳干预期。具体而言，有条件的学校应该实施定期筛查和评估，尤其在低年级阶段，通过标准化测试和教师观察，尽早发现潜在的数学学习困难儿童。一旦发现数学学习困难，应立即制订个性化的教育计划，包括特定的数学训练和认知干预。早期教育计划应涵盖基础数学技能、数量认知和基本运算能力的训练等。早期干预也需要家长的积极参与，学校应与家长密切合作，定期沟通儿童的学习情况，共同制订和实施干预计划。

二、多感官训练

在数学教学中，结合视觉、听觉和触觉等多感官的训练方法，可以帮助儿童更好地理解和掌握数学概念。这种训练方法能够增强儿童的学习体验，提高他们的学习兴趣和积极性。例如，教师可以使用多种感官材料，如触觉教具、视觉图表和音频教学资源，帮助儿童更直观地理解数学概念。例如，使用立体几何模型和触摸卡片来解释几何图形和数量关系。设计和实施包括多感官元素的互动游戏和活动，让儿童在游戏中学习数学。比如，通过拼图游戏增强空间认知，通过听觉刺激提升数字记忆。使用多感官评估工具来了解儿童的学习进展和困难。这样的工具可以提供全面的反馈，帮助教师调整教学策略。

三、个性化教学

根据每个儿童的具体情况，制定个性化的教学和训练方案，关注他们的进步和发展，提供必要的支持和帮助。个性化教学能够满足不同学生的需求，提升教学效果。具体而言，应该根据每个儿童的能力水平、学习风格和兴趣，制订个性化的教学计划。计划应包括明确的学习目标、适应性的教学方法和评估策略。教师应灵活使用多种教学方法，如一对一辅导、小组教学和项目式学习，满足不同儿童的学习需求。通过持续的评估和反馈，实时调整教学计划和方法，确保每个儿童都能在适合自己的节奏中进步。

四、教师培训

教师在识别和干预数学学习困难儿童方面起着关键作用。加强教师的培训，提高他们对数学学习困难的识别和干预能力，是确保有效教学的重要环节。在教育中，有条件的学校应该定期组织针对数学学习困难的专业发展培训，帮助教师了解最新的研究成果和教学方法，提升他们的专业技能。定期举办实践工作坊，让教师有机会在实际教学中应用和检验新方法，并分享彼此的经验和成果。教育主管部门还应该为教师提供丰富的教学资源和工具，帮助教师在课堂中有效实施感知—运动训练和其他干预策略。

五、家庭支持

家长在儿童的数学早期学习中起着重要作用。学校应加强与家长的沟通，提供相关的教育和培训，帮助家长在家庭中有效支持儿童的数学学习。例如，定期举办家长教育课程，介绍数学学习困难的概念、特征和干预方法，帮助家长理解和支持孩子的学习。在儿童发展的早期，设计家庭学习活动和作业任务，让家长与孩子一起参与数学学习，增进亲子互动和合作。比如，通过家庭数学游戏和日常生活中的数学问题解决，增强孩子的学习兴趣和动机。学校也应该充分利用家校沟通平台，如家长会、家长微信群和家校合作日，促进家长与教师之间的交流与合作，共同关注和支持孩子的学习进步。同时，为家长提供心理支持和咨询服务，帮助他们应对孩子学习困难带来的压力和挑战，保持积极的家庭氛围。

综上所述，感知—运动空间训练在改善数学学习困难儿童的数量估计、空间想象和推理能力方面具有显著效果，但对应用能力的改善效果不显著。未来的研究和实践应针对这些不足，探索更有效的干预方法。通过早期干预、多感官训练和个性化教学，可以帮助数学学习困难儿童更好地发展数学认知能力，提高他们的数学认知能力、数学学习成绩和自信心。

参考文献

[1] 陈瑾. 小学生英语学习困难的认知加工机制及干预研究 [D]. 西安：陕西师范大学，2009.

[2] 陈英和，仲宁宁，田国胜，等. 小学 2~4 年级儿童数学应用题表征策略差异的研究 [J]. 心理发展与教育，2004（4）：19-24.

[3] 郭丽丽. 学习困难儿童的认知特点与教育对策 [J]. 心理发展与教育，2009（2）：89-94.

[4] 康丹. 对 5-6 岁数学学习困难儿童教育干预的研究 [D]. 上海：华东师范大学，2014.

[5] 林泳海，金莉. MD 儿童与正常儿童早期数学认知差异的研究 [J]. 心理学探新，2006，26（3）：74-78.

[6] 刘昌. 数学学习困难儿童的认知加工机制研究 [J]. 南京师大学报（社会科学版），2004（3）：81-88.

[7] 陶金花，袁国桢，程灶火，等. 儿童数学障碍的发病机制、诊断和干预 [J]. 中国行为医学科学，2006，15（1）：88-90.

[8] 宛燕，陶德清，廖声立. 小学数学学习困难儿童的工作记忆广度研究 [J]. 中国特殊教育，2007（7）：46-51.

[9] 王恩国，刘昌. 数学学习困难与工作记忆关系研究的现状与前瞻 [J]. 心理科学进展，2005，13（1）：39-47.

[10] 王喜军. 数学学业不良学生问题解决认知过程研究 [D]. 上海：华东师范大学，2006.

[11] 薛锦，舒华. 快速命名对汉语阅读的选择性预测作用 [J]. 心理发展与教育，2008，24（2）：97-101.

[12] 叶晓林. 工作记忆和数量表征对小学儿童算术学习困难的作用机制 [D]. 上海：华东师范大学，2018.

[13] 左志宏. 学生数学学习困难的认知加工机制：基于 PASS 理论的研究 [D]. 上海：华东师范大学，2006.

[14] BADIAN N A. Persistent arithmetic, reading, or arithmetic and reading disability[J]. Annals of Dyslexia，1999，49（1）：43-70.

[15] BERCH D B. Making sense of number sense: implications for children with mathematical disabilities[J]. Journal of Learning Disabilities，2005，38（4）：

333-339.

[16] BROWN M L, MCNEIL N M. Integrating perceptual and cognitive training to improve kindergarteners' mathematics skills[J]. Developmental Psychology, 2011, 47(4): 1098-1110.

[17] BURTE H, GARDONY A L, HUTTON A, et al. Think3d!: Improving mathematics learning through embodied spatial training[J]. Cognitive Research: Principles and Implications, 2017, 2: 1-18.

[18] FISCHER M H, BRUGGER P. When digits help digits:Spatial-numerical associations point to finger counting as prime examples of embodied cognition[J]. Frontiers in Psychology, 2011, 2: 260.

[19] GERSTEN R, JORDAN N C, FLOJO J R. Early identification and interventions for students with mathematics difficulties[J]. Journal of Learning Disabilities, 2005, 38(4): 293-304.

[20] GEARY D C. Mathematical disabilities: Cognitive, neuropsychological, and genetic components[J]. Psychological Bulletin, 1993, 114(2): 345-362.

[21] GEARY D C, HAMSON C O, HOARD M K. Numerical and arithmetical cognition: A longitudinal study of process and concept deficits in children with learning disability[J]. Journal of Experimental Child Psychology, 2000, 77(3): 236-263.

[22] HANICH L B, JORDAN N C, KAPLAN D, et al. Performance across different areas of mathematical cognition in children with learning difficulties[J]. Journal of Educational Psychology, 2001, 93(3): 615-626.

[23] JORDAN N C, HANICH L B, KAPLAN D. A longitudinal study of mathematical competencies in children with specific mathematics difficulties versus children with comorbid mathematics and reading difficulties[J]. Child Development, 2003, 74(3): 834-850.

[24] LERNER J. Learning Disabilities: Theories, Diagnosis, and Teaching Strategies[M]. Boston: Houghton Mifflin Harcourt, 2000.

[25] MAZZOCCO M M, MYERS G F. Complexities in identifying and defining

mathematics learning disability in the primary school-age years[J]. Annals of Dyslexia, 2003, 53（1）: 218-253.

[26] RAMAA S, GOWRAMMA I P. A systematic procedure for identifying and classifying children with dyscalculia among primary school children in India[J]. Dyslexia, 2002, 8（2）: 67-85.

[27] RAMANI G B, SIEGLER R S. Promoting broad and stable improvements in low-income children's numerical knowledge through playing number board games[J]. Child Development, 2008, 79: 375-394.

[28] SIEGLER R S, RAMANI G B. Playing linear number board games—but not circular ones—improves low-income preschoolers' numerical understanding[J]. Journal of Educational Psychology, 2009, 101（3）: 545-560.